Gertrud und Richard Neges

FÜHRUNGSKRAFT UND PERSÖNLICHKEIT

GERTRUD UND RICHARD NEGES

FÜHRUNGSKRAFT UND PERSÖNLICHKEIT

▶▶ Eigene Potenziale erkennen und nutzen
▶▶ Wirkungsvoll kommunizieren
▶▶ Persönliches Marketing

Bibliografische Information Der Deutschen Bibliothek

Die Deutsche Bibliothek verzeichnet diese Publikation in der Deutschen Nationalbibliografie; detaillierte bibliografische Daten sind im Internet über http://dnb.ddb.de abrufbar.

ISBN 978-3-7093-0157-9

Es wird darauf verwiesen, dass alle Angaben in diesem Fachbuch trotz sorgfältiger Bearbeitung ohne Gewähr erfolgen und eine Haftung der Autoren oder des Verlages ausgeschlossen ist.

Umschlag: AG MEDIA GmbH
Satz: Hannes Strobl, Satz · Grafik · Design, 2620 Neunkirchen
© LINDE VERLAG WIEN Ges.m.b.H., Wien 2007
1210 Wien, Scheydgasse 24, Tel.: 0043/1/24 630
www.lindeverlag.at

Druck: Hans Jentzsch & Co. GmbH, 1210 Wien, Scheydgasse 31

INHALT

VORWORT

Die Ansprüche an eine Führungskraft steigen mit der wirtschaftlichen, politischen und gesellschaftlichen Entwicklung. Führung umfasst mehr als unternehmerische Verantwortung oder ergebnis-orientiertes Arbeiten, es beinhaltet vor allem den Umgang mit Menschen. Die Verantwortung des Vorgesetzten besteht darin, die persönlichen Fähigkeiten und Voraussetzungen jedes einzelnen Mitarbeiters zu erkennen und gezielt zu fördern. Das Vertrauen in die eigenen Fähigkeiten, der Glaube an die Mitarbeiter und die Beherrschung des Führungsinstrumentariums stellen die Grundlagen für den Erfolg bei der Wahrnehmung von Führungsfunktionen dar.

Viele Führungskräfte kommen mit ihrem umfangreichen Betätigungsfeld nicht zurecht. Oft bringt jeder Tag eine neue Herausforderung. Die praktische Umsetzung von Führungsaufgaben zeigt oftmals Grenzen des eigenen Könnens, aber auch Wollens auf. Mit diesem Praxishandbuch wollen wir Ihnen helfen, in unterschiedlichen Führungssituationen gezielt zu agieren, anstatt oft nur halbherzig oder resigniert zu reagieren. Grundvoraussetzung dazu ist die Entwicklung der eigenen Persönlichkeit, die Ausformung bereits vorhandener Stärken und die Ausbildung der noch fehlenden Führungsqualitäten.

Dieses Buch behandelt die Führungskraft und ihre Persönlichkeit. Es werden wichtige Anforderungskriterien wie z. B. persönliches Auftreten, Arbeitstechniken und Zeitmanagement, Selbstentwicklung, Präsentationstechniken und vieles mehr beschrieben, um einen Überblick über praktisch erprobte »Werkzeuge« für die Umsetzung in die Praxis zu geben.

Jeder Manager sollte ein aktiver Berater seiner Mitarbeiter sein. Die raschen Veränderungen unserer Zeit zu überblicken, Umstrukturierungen rechtzeitig umsetzen zu können, auf die Schaffung von persönlicher Lebensqualität mehr Wert zu legen, erfordert Know-how in der praktischen Führungstätigkeit. Mit den Anregungen dieses Buches und der folgenden Bücher wollen wir Führungskräften Perspektiven aufzeigen, mit deren Hilfe sie lernen, ihre persönlichen Herausforderungen leichter zu meistern. Wir verknüpfen dabei eigene praktische Führungserfahrungen mit Kenntnissen aus dem Entwicklungs- und Coachingbereich, die wir in unserer Berater- und Coachtätigkeit sowie im Rahmen von uns durchgeführter Führungsseminare sammeln konnten.

September 2007   G. u. R. Neges

1. EINLEITUNG

Die Anforderungen an die Führungskräfte von heute sind sehr vielfältig. Führungskräfte sind Vorgesetzte, die auf mehreren Ebenen agieren und für den Gesamterfolg eines Unternehmens verantwortlich sind. In den letzten Jahren ist zu erkennen, dass sich viele Führungskräfte immer häufiger die Sinnfrage zu ihrem Tun und zum unermüdlichen Arbeitseinsatz stellen. Immer häufiger ist zu beobachten, dass sich die vorhandene Arbeit durch Einsparung von Mitarbeitern und auch Führungskräften auf immer weniger Personen verteilt – die Arbeit aber trotz Automatisierung und Rationalisierung weiter zunimmt. Der Markt erfordert immer mehr persönliches Engagement, die Kunden sind sehr verwöhnt und die Mitarbeiter immer anspruchsvoller.

Aus Befragungen in der Praxis ist zu erkennen, dass der Anteil der eigentlichen »Führungsarbeit« – damit meinen wir die Mitarbeiter-Führung und nicht die operativen Tätigkeiten im jeweiligen Fachbereich – bei den Vorgesetzten oft unter 50 % ihrer Arbeitszeit liegt. Es werden oft nicht einmal 10 % erreicht, d. h., die Führungskräfte beschäftigen sich hauptsächlich mit dem operativen Bereich. Hauptursache dafür ist, dass der Erfolg der eigenen Arbeit maßgeblich durch den Erfolg auf der operativen Ebene bestimmt und gemessen wird und nicht durch die Führungsleistung.

Durch die zunehmende Verschlankung der Unternehmen bekommen die Führungskräfte immer mehr direkte Mitarbeiter unterstellt. Die Führungsspanne erhöht sich gewaltig. In der Konsequenz verlangt das einen ausgesprochen professionellen Umgang mit der Ressource Zeit und die Fähigkeit, die Mitarbeiter und Teams so weit zu entwickeln und zu coachen, dass diese möglichst selbstständig und zielorientiert arbeiten können.

Interessant ist auch der stattfindende Wandel zu mehr innerer Öffnung, zur stärkeren Auseinandersetzung mit Feedback, Konflikten und persönlichen Zielen. Es werden intensiv neue Werte im Job gesucht bzw. aufgebaut. Das persönliche Bewusstsein über vorhandene Potenziale und Möglichkeiten gibt den Führungskräften neue Energie zur Bewältigung der Anforderungen.

Das Anforderungsprofil einer erfolgreichen Führungskraft beinhaltet daher neben der Beherrschung des im operativen Bereich erforderlichen Wissens und Könnens auch folgende Kriterien:

- ▸▸ *Visionen aktiv vorleben*
- ▸▸ *Als Vorbild menschlich sein*
- ▸▸ *Gefühle zeigen und offen damit umgehen*
- ▸▸ *Menschliche Nähe suchen*
- ▸▸ *Energiebewusstsein ausbauen*
- ▸▸ *Mitarbeiterpotenziale erkennen und fördern*
- ▸▸ *Menschen vor Ziele stellen*
- ▸▸ *Konflikt- und Kritikfähigkeit fördern*
- ▸▸ *Akzeptanz, Aufmerksamkeit und Anerkennung vermitteln*
- ▸▸ *Reden lassen, nicht selbst reden*
- ▸▸ *Das Ergebnis steht im Mittelpunkt, nicht die Zeit*

» *Veränderungen initiieren*

» *Laufendes Lernen fördern*

» *Teams bilden und für Entwicklung sorgen*

» *Bewusstsein von Produktivität vermitteln*

2. GRUNDLAGEN DES FÜHRENS

> »Wenn Du ein Schiff bauen willst, fang nicht an, Holz zusammenzu-
> tragen, Bretter zu schneiden und Arbeit zu verteilen, sondern wecke in
> den Männern die Sehnsucht nach dem großen, weiten Meer.«
>
> (Antoine de Saint-Exupéry)

In allen Bereichen der Wirtschaft sind die Führungskräfte aller Hierarchieebenen zunehmend stärker gefordert und belastet – oft bis an die Grenze des Zumutbaren. Bis zu 14 Stunden Präsenz in der Firma ist oft schon guter Durchschnitt. Wo wird das hinführen? Wo bleiben Werte wie Gesundheit, Freizeit, Erholung und Ausgleich? Kann man 14 Stunden täglich auf Dauer überhaupt produktiv sein? Was verlieren diese Menschen? Wo wissen sie nicht weiter? Wem laufen Sie nach?

Meist ist der Arbeitstag auch noch so gestaltet, dass eine Besprechung die andere jagt, eine Schwierigkeit sich an die vorhergehende anhängt, viele Verwaltungstätigkeiten durchzuführen, Mitarbeiter zu aktivieren und motivieren sind und Vorgesetzte immer mehr delegieren und mehr verlangen. Die Ziele sind immer schwieriger zu erreichen, da sie jedes Jahr oft unrealistisch hinaufgeschraubt werden. Mittags und abends müssen dann Kundengespräche beim Essen nachgeholt werden, am Wochenende hat man endlich die Möglichkeit, die noch offenen Mitarbeitergespräche, einen Seminarbesuch oder die Entwicklung eines Konzeptes vorzubereiten. So richtig in Ruhe und Entspanntheit über den Sinn seiner Karriere nachzudenken – dafür bleibt einem oft erst im wohlverdienten Urlaub die Zeit. Ist so ein Leben sinnvoll? Viele nehmen das sportlich, aber nicht jeder kann mithalten. Immer mehr Führungskräfte, die bisher unauffällig, gelegentlich sogar leidlich erfolgreich waren, genügen scheinbar »plötzlich« den gestellten Anforderungen nicht mehr und werden zu einer ernsthaften Belastung für ihr Umfeld – umso schmerzhafter, je höher die Positionen angesiedelt sind.

Führen bedeutet, sich und anderen eine sinnvoll geordnete Umwelt zu schaffen, wo Freiheit, Übertragung von Macht und Verantwortung, Eigenständigkeit, Selbstorganisation der Mitarbeiter, Entwicklung, Spaß, Leistungsbereitschaft, Kreativität etc. die Hauptrolle spielen. Nicht nur die Gewinnmaximierung steht heute im Vordergrund, sondern die sinnvolle Entwicklung und Schaffung von Substanzwerten. Dazu gehören unter anderem kompetente Mitarbeiter und Führungskräfte, die mehr können, als ihr täglicher Job erfordert. Führen bedeutet aber auch, einfache und/oder komplexe Situationen richtig in ihrer Vernetzung zu erkennen, zu lokalisieren und aktive Lösungsstrategien zu entwickeln.

Folgende Aufgaben und Rahmenbedingungen werden die erfolgreiche Führungskraft in Zukunft prägen:

▸▸ *Durchführung organisatorischer Veränderungen*
Der Abbau starrer Hierarchien, die Gestaltung einfacher Arbeitsabläufe, kompetentes Informationsmanagement sind wesentliche Änderungsmerkmale der Organisation von morgen.

▸▸ *Beteiligung der Mitarbeiter an Entscheidungen*
Im Rahmen der Funktionsbeschreibung gehören die Kompetenz- und Verantwortungs-

bereiche der Mitarbeiter definiert. Sie sollen nicht eng gehalten werden. Die Mitarbeiter benötigen dazu aber auch die notwendige »Fähigkeit« und »Freiheit«. Gemeinsame Teamentscheidungen sollen aktiviert werden.

▶▶ *Schaffung eines intakten sozialen Arbeitsumfeldes*
Die Mitarbeiter sollen in einem positiven Klima tätig sein können. Auftretende Konflikte und Störungen soll die Führungskraft bereits frühzeitig erkennen und kompetent lösen können. Aktives Kommunizieren ist gefragt.

▶▶ *Organisation von Lernen und Entwicklung*
Das Lernen am Arbeitsplatz sollte aktiviert werden. Da 90 % des natürlichen Lernens ohnedies am Arbeitsplatz geschehen, soll die Führungskraft auch für die notwendige Lernzeit bei den Mitarbeitern sorgen. Eine kontinuierliche Entwicklung der Mitarbeiter hängt von der aktiven Karriereorientierung des Vorgesetzten ab. Schafft er Mitarbeiter, die kompetenter sind als er, dann hat er selbst die Möglichkeit, sich neuen Arbeitsaufgaben zuzuwenden.

▶▶ *Schaffung eines leistungsorientierten Arbeitsklimas*
Die erbrachte Leistung der Mitarbeiter sollte entsprechend abgegolten werden. Die Leistung sollte auch bewertet werden, damit dem Mitarbeiter ein ordentliches Feedback über seine Leistung gegeben werden kann.

▶▶ *Frauen in hierarchischen Schlüsselpositionen*
Die Gleichberechtigung sollte für jede Führungskraft selbstverständlich sein. Auch Frauen sollen Schlüsselpositionen innehaben. Die vorhandenen Vorurteile sollten abgebaut und neue Erfahrungen durch aktives Tun gesammelt werden.

▶▶ *Integration durch Visionen und Leitbilder anstreben*
Jeder Mitarbeiter im System soll die Vision und das Leitbild des Unternehmens kennen und, was noch viel wichtiger ist, verstehen und auf seinen Arbeitsplatz übertragen können. Visionen bringen Sinn in die Tätigkeit. Leitbilder geben den Orientierungsrahmen vor. Eine Identifikation des Mitarbeiters wird dadurch erst ermöglicht.

▶▶ *Leistung erzeugen durch Synergie*
Je besser es der Führungskraft gelingt, die unterschiedlichen Meinungen, Ideen und Erfahrungswerte der Mitarbeiter durch Projektteams, Qualitätsmanagementrunden, Meetings zu nützen, umso mehr wird die latent vorhandene Synergie aktiv gefördert. Jede Führungskraft sollte einen teamorientierten Führungsstil einsetzen, um so die Potenziale in Leistungen und Synergien umwandeln zu können.

▶▶ *Vorbild sein*
Je werteorientierter die Führungskraft lebt, umso mehr wird sie von den Mitarbeitern als Vorbild anerkannt. Das Vorleben ist ein wichtiger Einflussfaktor für Motivation und Leistungsbereitschaft.

▶▶ *Druck verarbeiten und dosiert weitergeben*
Je effektiver es einer Führungskraft gelingt, die Zielerreichung in das richtige Spannungsverhältnis zwischen Unternehmenszielen – Mitarbeiterzielen – Selbstorganisation – Erfolg – Zeit zu bringen, umso aktiver wird das Engagement der Mitarbeiter, und es entsteht ein positiver Umgang mit Druck.

2.1 Selbstanalyse als Führungskraft

Die folgenden Fragen sind als Selbstanalyse Ihrer eigenen Person gedacht. Interessant wäre es, auch im Führungsteam einmal offen über die Fragen bzw. einzelnen Themenbereiche zu diskutieren. Dies fördert die Offenheit und Nähe und bietet eine hervorragende Grundlage für einen sich gegenseitig bereichernden Gedankenaustausch.

Visionen aktiv vorleben
- ▸ Welche Visionen habe ich?
- ▸ Was sind meine visionären Stärken und Schwächen?
- ▸ Meine Bilder von Gegenwart und Zukunft?
- ▸ Welche Visionen habe ich bereits realisiert, welche noch nicht?
- ▸ Wie erlebe ich Visionen im eigenen Unternehmen?

Als Vorbild menschlich sein
- ▸ Welche Vorbilder habe ich, und was ist das Interessante an diesen Vorbildern?
- ▸ Wie ist mein Bild vom Menschen?
- ▸ Was sind meine inneren Werte?
- ▸ Wie bewusst sind mir die eigene Erziehung und deren Auswirkungen?

Gefühle zeigen und offen damit umgehen
- ▸ Wie offen bin ich?
- ▸ Wie leicht fällt es mir, über meine inneren Probleme, Gedanken und Konflikte zu sprechen?
- ▸ Wie spontan bin ich?
- ▸ Was höre ich an Feedback über mein Gefühlsleben?
- ▸ Welche Potenziale kann ich noch nützen?

Menschliche Nähe suchen
- ▸ Wie gerne bin ich unter Mitarbeitern?
- ▸ Wie oft gehe ich durch die Büros, Produktionshallen und Lagerräume?
- ▸ Was sage ich als Erstes, wenn ich auf Menschen zugehe?
- ▸ Lasse ich Gefühle sich entwickeln?
- ▸ Was spüre ich, wenn ich mit Menschen zusammen bin?
- ▸ Bin ich nur mit mir selbst und meinen Aufträgen beschäftigt?

Energiebewusstsein ausbauen
- ▸ Wie sehe ich meine eigene Ausstrahlung?
- ▸ Wo verliere ich regelmäßig Energie?
- ▸ Was mache ich, um Energie zu tanken und weiter auszubauen?
- ▸ Welche Potenziale stecken in mir?
- ▸ Wer hilft mir, die eigenen Potenziale zu erkennen und zu nützen?

Mitarbeiterpotenziale erkennen und fördern
- ▸ Was unternehme ich, um Mitarbeiterpotenziale zu erkennen und zu fördern?
- ▸ Welche Energiepotenziale nützen meine Mitarbeiter, welche nicht?
- ▸ Inwieweit kann ich Energien wahrnehmen?
- ▸ Wie gehe ich mit Coaching um?

Menschen vor Ziele stellen
- ▸ Wie wichtig sind für mich Ziele und Ergebnisse?
- ▸ Wie gehe ich mit Zielen und Zielerreichung um?
- ▸ Wie wichtig ist für mich der Mensch beim Umgang mit Zielen?

Konflikt- und Kritikfähigkeit fördern
- ▸ Arbeite ich bei Konflikten auf Kompromiss- oder Konsenslösungen hin?
- ▸ Wie offen bin ich selbst bei Konflikten, die andere mit mir haben?
- ▸ Wie gut kann ich Konflikte bewusst initiieren?
- ▸ Spreche ich bei der Konfliktbehandlung Gefühle an?
- ▸ Werde ich öfter zu Konfliktsituationen und deren Lösung herangezogen?

Akzeptanz, Aufmerksamkeit und Anerkennung vermitteln
- ▸ Wie vermittle ich Akzeptanz?
- ▸ Mit welchen Aktivitäten schaffe ich Interesse bzw. Aufmerksamkeit beim Mitarbeiter?
- ▸ Wann spreche ich Anerkennung aus?
- ▸ Welche Zustimmungsformen verwende ich häufig?

Reden lassen, nicht selbst reden
- ▸ Brauche ich ständig eine Bühne?
- ▸ Wie gut kann ich zuhören?
- ▸ Habe ich immer das Bedürfnis, etwas sagen zu wollen?
- ▸ Wie reagieren meine Mitarbeiter, wenn ich zuhöre bzw. etwas sage?
- ▸ Wie führe ich mit der Sprache?
- ▸ Lasse ich andere ausreden?
- ▸ Sehe ich Redenlassen als Entwicklung des anderen?

Das Ergebnis steht im Mittelpunkt, nicht die Zeit
- ▸ Wie bewusst gehe ich täglich auf Ergebnisse ein?
- ▸ Wie mache ich Druck mit der Zeit?
- ▸ Bin ich selbst Vorbild mit »Habe keine Zeit«?
- ▸ Wie bewirke ich Druck?
- ▸ Wie steht bei mir Ergebnis mit Zeiteinsatz im Einklang?
- ▸ Was mache ich selbst gerne?
- ▸ Wofür benötige ich zu viel Zeit, um ein positives Ergebnis zu erzielen?

Veränderungen laufend initiieren
- ▸ Wie oft stelle ich etwas infrage?
- ▸ Wie ist im Team das Klima für Veränderungen?
- ▸ Reagiere ich erst, wenn es nicht mehr anders geht, oder kann ich agieren?
- ▸ Wie intensiv führe ich job rotation durch?
- ▸ Wie kann ich Lernen als Veränderungsgrundlage am Arbeitsplatz integrieren?
- ▸ Wer ist grundsätzlich für Veränderungen verantwortlich?
- ▸ Welche Aufzeichnungen führe ich zu meinen geplanten und bereits durchgeführten Veränderungen?

Laufendes Lernen fördern
- ▸ Wie lerne ich?
- ▸ Wie halte ich mich am Laufenden?
- ▸ Welche Zeit investiere ich in das Lernen im Job?
- ▸ Wie sieht meine Lernbilanz für die letzten sechs Monate aus?
- ▸ Welchen Lernplan habe ich?
- ▸ Wie aktiv fördere ich Lernen im Team?
- ▸ Führe ich Lernveranstaltungen mit den Mitarbeitern durch, z. B. Verkaufstrainings, Besprechungen über neue Produkte oder Schulungen in der persönlichen Entwicklung?

Teams bilden und für Entwicklung sorgen
- ▸ Wie teamfähig schätze ich mich ein?
- ▸ Wie aktiv bilde ich immer wieder neue Teams?
- ▸ Schaffe ich ein konstruktives Klima im Team?
- ▸ Kann ich Teams weiterbewegen?
- ▸ Bin ich selbst in Teams integriert?
- ▸ Was sind meine Stärken/Schwächen bei der Teamarbeit?
- ▸ Überlasse ich die Teamsprecherfunktion auch meinen Mitarbeitern?

Bewusstsein von Produktivität vermitteln
- ▸ Wie schaffe ich es, dass meine Teams immer produktiv arbeiten?
- ▸ Was bedeutet für mich »Produktivität«?
- ▸ Woran messe ich die Leistung, was ist mir wichtig?
- ▸ Wie oft stelle ich Abläufe infrage?
- ▸ Wie aktiv bringe ich Ideen zur Steigerung der Produktivität ein?
- ▸ Wie gut kenne ich vergleichbare Unternehmungen (Benchmarketing)?

3. ANFORDERUNGEN AN EINE FÜHRUNGSKRAFT

Die Anforderungen an die Führungskraft von morgen können wie folgt zusammengefasst werden:

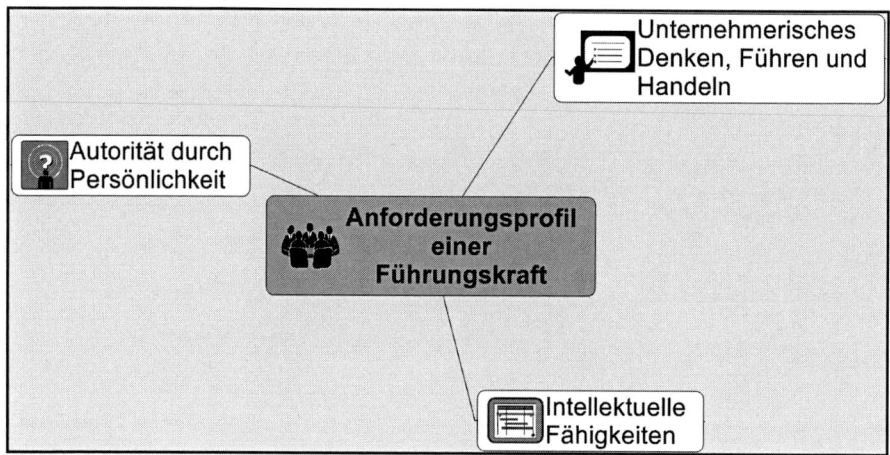

Unternehmerisches Denken – unternehmerisches Führen – unternehmerisches Handeln

Management heißt, Ziele vereinbaren, planen, Entscheidungen treffen, für die Realisierung der Ziele sorgen, Verantwortung tragen, Mitarbeiter führen und aktives Coaching betreiben. Um diesen Aufgaben gerecht werden zu können, sind folgende Anforderungsmerkmale zu aktivieren:

▶ *Vision, Strategie, Vernetzung und Realitätssinn*
Denken Sie in Szenarien und Alternativen. Versuchen Sie, eine vernetzte Darstellung aller Chancen und Gefahren der zukünftigen Herausforderungen des Unternehmens zu erhalten. Geben Sie dem System die nötige Freiheit. Aber handeln Sie strategisch, auf der Basis eines realistischen Weltbildes. Wer unternehmerisch denkt, denkt langfristig (morgen ist wichtig – übermorgen ist gefordert).

▶ *Fähigkeit zur Erreichung realistischer langfristiger Ziele*
Vereinbaren Sie mit Ihren Mitarbeitern Ziele, die auf einer realistischen Grundlage aufgebaut sind. Fordern Sie dabei die Mitarbeiter, aber überfordern Sie sie nicht zu stark. Sichern Sie die Existenz des Unternehmens auf Dauer und überprüfen Sie permanent Ihre Entscheidungen auf ihre Auswirkungen hin– ob diese zur Existenzsicherung auf Dauer oder zu einer kurzfristigen Gewinnmaximierung beitragen.

▶ *Flexibilität in Planung, Entscheidung und Umsetzung*
Glauben Sie niemals vorschnell, den »Stein der Weisen« gefunden zu haben. Verändern

können und verändern wollen zeichnen den unternehmerisch denkenden Manager aus. Bauen Sie Ihre Planungsüberlegungen auf einer fundierten Kenntnis der Ausgangssituation auf. Beziehen Sie Ihre Mitarbeiter in die Entscheidungen mit ein und sorgen Sie für eine reibungslose Umsetzung der getroffenen Entscheidungen. Sorgen Sie für unternehmerisches Denken und Handeln auf allen Ebenen.

▸ *Teamorientiertes, partnerschaftliches Handeln*
Aktivieren Sie Ihr Team. Suchen Sie den Dialog, die Kooperation durch aktive Kommunikation. Handeln Sie partnerschaftlich und fair. Schaffen Sie einen Ausgleich zwischen den Interessen der Mitarbeiter und denen des Unternehmens.

Intellektuelle Fähigkeiten

Auch in Zukunft werden an den Manager Anforderungen gestellt, die seinen Verstand, sein Wissen, Können und Wollen herausfordern und auf die Probe stellen. Management bedeutet daher:

▸ *Offen sein*
Gehen Sie auf die Menschen zu. Fordern Sie die Mitarbeiter zur Offenheit auf. Leben Sie vorbildlich.

▸ *Logisch denken*
Es gilt, Gesetzmäßigkeiten aufzudecken, Abläufe festzustellen, Schwachstellen zu erkennen und Pläne konsequent zu realisieren. Bauen Sie auf erprobte Methoden und Kenntnisse zur Lösung der auftretenden Schwierigkeiten auf.

▸ *Das Wesentliche erkennen*
Prüfen Sie sich selbst immer wieder, ob Sie sich nicht in Nebensächlichkeiten verstricken. Haben Sie den Mut, die Dinge richtig zu sehen und offen anzusprechen. Riskieren Sie auch etwas. Kommen Sie rasch auf den Punkt.

▸ *Wissen, Können, Wollen und Verständnis*
Breites Fachwissen ist zum Erkennen betrieblicher Zusammenhänge notwendig. Wissen rund um das betriebliche Geschehen benötigt aber auch Kenntnisse über wirtschaftliche, rechtliche, politische, kulturelle, technische und soziale Gegebenheiten. Die Beherrschung wichtiger Grundregeln zur Förderung des Wollens und Könnens sind ebenso notwendig wie das Aufbringen von Verständnis. Informieren Sie zielgerichtet, etablieren Sie Informationsquellen, sodass man das, was an Informationen benötigt wird, leicht abrufen kann.

Autorität durch Persönlichkeit

Der Manager der Zukunft lässt der Persönlichkeit viel Platz. Die Qualifikation eines wirklich guten Managers zeichnet seine menschliche Autorität im ausgewogenen Verhältnis zur Fachautorität aus.

▸ *Selbstsicherheit und Selbstkontrolle*
Das Team muss spüren, dass Sie die Sache im Griff haben und dass man sich auf Sie verlassen kann.

▸ *Belastbarkeit*

Je mehr Verantwortung Sie tragen, je mehr Entscheidungen Sie treffen, umso mehr müssen Sie auch mit Stress richtig umgehen können. Starke Nerven, Geduld und Toleranz sind die Basis des Erfolgs für jede Führungskraft. Sollten Sie dabei manchmal Schwierigkeiten haben, so denken Sie daran, dass jede persönliche Krise zugleich eine Chance zum Wandel ist.

▸ *Verständnis*

Versuchen Sie, die Dinge auch mit den Augen der anderen zu sehen. Nicht alles muss tatsächlich so sein, wie es für Sie auf den ersten Blick den Anschein hat. Der erfolgreiche Manager kann sich auf seine Partner einstellen, auf andere Meinungen eingehen, seine Emotionen in Einklang mit seinen Zielen bringen.

▸ *Spontaneität und Entscheidungsfreudigkeit*

Wenn Sie allzu lange überlegen, kommen Sie nicht weiter. Vertrauen Sie auch auf Ihre Eingebungen und lassen Sie sich nicht von allzu vielen »Pros« und »Kontras« verunsichern. Nutzen Sie Ihre Erfahrung und Ihr Wissen, aktivieren Sie Ihre Spontaneität. Stehen Sie zu einmal getroffenen Entscheidungen.

▸ *Zwischenmenschliche Beziehungen*

Von den zwischenmenschlichen Beziehungen hängen zu einem guten Teil der Erfolg eines Unternehmens und damit auch Ihr Erfolg als Führungskraft ab. Dies gilt, egal ob ein Team groß oder klein ist, ob die Unternehmenshierarchie ausgeprägt oder informell ist.

▸ *Vertrauen schaffen*

Vertrauen stellt die Basis für jede erfolgreiche Zusammenarbeit dar. Schaffen Sie ein vertrauensvolles Klima, indem Sie selbst den anderen Vertrauen entgegenbringen – durch Motivation und Delegieren von Verantwortung. Bauen Sie die Blockaden einer guten Zusammenarbeit, wie Intrigen und Machtkämpfe, nach Möglichkeit ab.

▸ *Sinn und Spaß vermitteln*

Nur wer sich mit seinem Arbeitsplatz identifiziert, wer Freude und Spaß an der Arbeit hat, wer einen persönlichen Sinn in seiner Tätigkeit sieht, wird mittel- bis langfristig zum Unternehmen stehen. Versuchen Sie daher, Ihren Mitarbeitern die Sinnhaftigkeit ihrer Tätigkeit zu vermitteln, am besten durch Einblick in größere Zusammenhänge. Helfen Sie ihnen dabei, über sich selbst hinauszuwachsen und fördern Sie die Entwicklung den vorhandenen Möglichkeiten nach. Das Ziel soll sein, die Mitarbeiter zu kompetenten und erfahrenen Arbeitskräften werden zu lassen.

▸ *Konflikte austragen und bewältigen*

Mit Konflikten ist in jeder menschlichen Gemeinschaft zu rechnen. Versuchen Sie daher, Konflikte nicht zu unterdrücken, sondern nehmen Sie sie zum Anlass, das positive Element zur beidseitigen Klärung zu nützen. Konfliktlösungen bringen viele Chancen an die Oberfläche. Stellen Sie sich den Konflikten, sprechen Sie diese an und versuchen Sie mit Geduld und Einfühlungsvermögen, Konflikte positiv aufzulösen.

▸ *Den Mut zum Fehler aufbringen*

Kritik und Tadel sind nicht zweckmäßig, wenn Verbesserungen erreicht werden sollen. Geben Sie sich und Ihren Mitarbeitern die Chance, aus Fehlern zu lernen – und gleich die nötige sachliche Unterstützung dafür. Schaffen Sie eine Kultur, in der man auch Fehler machen darf, denn wie das Sprichwort schon sagt: »Nur wer nicht arbeitet, macht keine Fehler!«

▸ *Durchsetzen und mitreißen*
Überzeugen Sie Ihre Mitarbeiter und Gesprächspartner von Ihren Zielen und Vorstellungen. Aktivieren Sie die Mannschaft durch aktive Vorbildwirkung. Beachten Sie die genannten Anforderungsmerkmale, dann werden Sie auf Dauer eine wirksame Führungstätigkeit ausüben.

▸ *Auf den Menschen zugehen*
Zeigen Sie Interesse für die Anliegen und Bedürfnisse Ihrer Mitarbeiter; sprechen Sie sie dabei offen an. Fordern Sie die Mitarbeiter zur Kommunikation auf. Versuchen Sie, die positiven Elemente des anderen zu sehen und fördern Sie diesen anderen.

Anforderungsprofil – Erfolgsanalyse

Mit der folgenden Checkliste können Sie sich als Führungskraft selbst bzw. kann jeder Vorgesetzte die ihm unterstellten Führungskräfte bewerten:

Bewertung von 1 bis 7 (1 = trifft kaum zu, 7 = trifft voll und ganz zu)

1. Vision, Strategie, Vernetzung und Realismus

Fähigkeit ...	1	2	3	4	5	6	7
▸ eine Vision zu entwickeln							
▸ in Szenarien zu denken							
▸ Chancen und Gefahren zu erkennen							
▸ zur Vernetzung einzelner Unternehmensbereiche							
▸ Zukunftsideen zu entwickeln							
▸ Trends zu erkennen							
▸ zur realistischen Einschätzung von Möglichkeiten							

2. Langfristige Ziele

Fähigkeit ...	1	2	3	4	5	6	7
▸ Ziele aus der Vision abzuleiten							
▸ Identifikation bei den Mitarbeitern zu den Zielen zu erreichen							
▸ persönliche Ziele zu erkennen							
▸ langfristige Ziele zu formulieren							
▸ realistische operative Ziele abzuleiten							

3. Flexibilität in Planung, Entscheidung und Umsetzung

Fähigkeit ...	1	2	3	4	5	6	7
▸ Planung praxisnah zu erstellen							
▸ Arbeit erst zu beginnen, wenn das gewünschte Ergebnis deutlich gemacht wurde							
▸ eine Ist-Analyse mit fundierter Kenntnis der Ausgangssituation durchzuführen							
▸ zur Schaffung klarer Entscheidungsstrukturen							
▸ zur effektiven Umsetzung der Planung							

4. Teamorientiertes, partnerschaftliches Handeln

Fähigkeit ...	1	2	3	4	5	6	7
▸ zur Teambildung und -entwicklung							
▸ zur Förderung der Kooperation und Kommunikation der einzelnen Teams							
▸ Teams zu Spitzenleistungen zu führen							
▸ partnerschaftlich und fair zu handeln							
▸ einen Teamgeist zu entwickeln							

5. Offen sein

Fähigkeit ...	1	2	3	4	5	6	7
▸ offen und ehrlich zu sein							
▸ auf Menschen ohne Vorbehalte zuzugehen							
▸ Menschen zur Offenheit zu bewegen							
▸ auf den Punkt zu kommen							

6. Logisch denken

Fähigkeit ...	1	2	3	4	5	6	7
▸ Zusammenhänge richtig zu erkennen							
▸ den Hausverstand einzusetzen							
▸ sich auf Prioritäten zu konzentrieren							
▸ Daten, Zahlen und Fakten effektiv zu verwenden							
▸ Praxisnähe herzustellen							

7. Das Wesentliche erkennen

Fähigkeit ...	1	2	3	4	5	6	7
▶ wesentliche Zusammenhänge richtig einzuschätzen und zu nützen							
▶ Nebensächlichkeiten nicht überzubewerten							
▶ den Mut zu haben, die Dinge richtig zu sehen							
▶ wesentliche offene Punkte anzusprechen							
▶ zur Konzentration auf den wichtigsten Punkt							

8. Wissen, Können, Wollen und Verständnis

Fähigkeit ...	1	2	3	4	5	6	7
▶ breites betriebliches Fachwissen umzusetzen							
▶ zur Beherrschung wichtiger Grundregeln zur Förderung des Könnens und Wollens							
▶ zur strukturierten Weitergabe des Wissens							
▶ zur Motivation							
▶ das Wollen aktiv zu fördern							

9. Selbstsicherheit und Selbstkontrolle

Fähigkeit ...	1	2	3	4	5	6	7
▶ Rückendeckung anzubieten							
▶ das Team nach außen hin zu schützen							
▶ Kontrollen in angemessener Form durchzuführen							
▶ Kontrollmechanismen transparent zu gestalten							
▶ zur Förderung der Selbstkontrolle							

10. Belastbarkeit

Fähigkeit ...	1	2	3	4	5	6	7
▶ Verantwortung zu übernehmen							
▶ Konflikte gezielt anzugehen und zu lösen							
▶ beharrlich Probleme zu lösen							
▶ in schwierigen Situationen durchzuhalten							
▶ in Extremsituationen den Überblick zu behalten							
▶ längere Phasen ohne Anerkennung zu leben							

11. Spontaneität und Entscheidungsfreudigkeit

Fähigkeit ...	1	2	3	4	5	6	7
▶ Entscheidungen rasch zu treffen							
▶ zur Integration der Mitarbeiter in Entscheidungsprozesse							
▶ auf die innere Stimme zu hören							
▶ Entscheidungen nicht aufzuschieben							
▶ schnell zu analysieren							

12. Zwischenmenschliche Beziehungen gestalten

Fähigkeit ...	1	2	3	4	5	6	7
▶ zur Förderung der Kontakte untereinander							
▶ anderen zu helfen							
▶ Menschen zusammenzubringen							
▶ Potenziale der Zusammenarbeit zu nützen							
▶ auf andere Menschen einzugehen							

13. Vertrauen schaffen

Fähigkeit ...	1	2	3	4	5	6	7
▶ ein vertrauensvolles Klima herzustellen							
▶ das sich aufeinander verlassen Können zu fördern							
▶ Offenheit und Ehrlichkeit herzustellen							
▶ Blockaden zu erkennen und zu lösen							

14. Sinn und Spaß vermitteln

Fähigkeit ...	1	2	3	4	5	6	7
▶ Freude und Spaß im Job zu vermitteln							
▶ Selbstständigkeit und Vertrauen zu fördern							
▶ Mitarbeiter zur Verantwortung zu motivieren							
▶ Sinn der Arbeit zu erklären							
▶ Zusammenhänge zu vermitteln							

15. Konflikte austragen und bewältigen

Fähigkeit ...	1	2	3	4	5	6	7
▶ Konflikte zu erkennen und aufzugreifen							
▶ Konflikte konstruktiv zu lösen							
▶ Konflikte zu initiieren							
▶ Konfliktlösungen gezielt umzusetzen							
▶ Interventionen zu erkennen und zu lösen							

16. Den Mut zum Fehler aufbringen

Fähigkeit ...	1	2	3	4	5	6	7
▶ sachliche Kritik umzusetzen							
▶ Risiko bei Neuerungen zuzulassen							
▶ aus Fehlern zu lernen							
▶ zu Experimenten zu ermuntern							
▶ eine Kultur der Offenheit zu erzeugen							

17. Durchsetzen und mitreißen

Fähigkeit ...	1	2	3	4	5	6	7
▶ Mitarbeiter zu überzeugen							
▶ Begeisterung zu schaffen							
▶ zur Durchsetzung unangenehmer Themen							
▶ Teams zur Höchstleistung zu motivieren							
▶ Potenziale zu erkennen und zu fördern							

18. Auf Menschen zugehen

Fähigkeit ...	1	2	3	4	5	6	7
▶ Interessen anderer Menschen wahrzunehmen							
▶ Bedürfnisse zu erkennen							
▶ zuzuhören							
▶ Einfühlungsvermögen zu nützen							
▶ andere Menschen positiv zu sehen							

19. Verständnis zeigen

Fähigkeit ...	1	2	3	4	5	6	7
▸ andere Meinungen zu akzeptieren							
▸ Themen auch mit anderen Augen zu sehen							
▸ sich auf Partner einzustellen							
▸ Menschen zu akzeptieren							
▸ Emotionen in Einklang mit Zielen zu bringen							

4. GRUNDELEMENTE VON SPANNUNGSFELDERN UND DEREN AUSWIRKUNGEN BEIM FÜHREN

Führen ist in unserer Zeit des raschen Wandels ebenfalls dynamischer und turbulenter geworden; es erzeugt viele Spannungsfelder, und Auswirkungen werden immer schwerer vorhersagbar.

Spannungssituationen können aufeinander, mitunter auch im gesamten System vernetzt wirken. Vereinfacht dargestellt, gibt es folgende vier Elemente, die sich laufend verändern, beeinflussen, benötigen und zueinander in dauernder Wechselwirkung stehen:

Diese vier Elemente (Umwelt, Unternehmen, Führungskräfte und Mitarbeiter) ergeben in sich und durch ihre Entwicklung ein sehr nützliches Spannungsfeld. Sie decken sich niemals ganz. Das Erkennen dieser Spannungssituationen ist eine Chance für jede Führungskraft, positive Veränderungen herbeizuführen.

Management heißt, sich laufend mit der Wechselwirkung der einzelnen Spannungselemente auseinanderzusetzen. Dabei spielt die Fähigkeit zur Anpassung ebenso eine Rolle wie das Erarbeiten, Entwickeln und Umsetzen von Lösungen, um bewusst auf die Elemente aktiv einzuwirken.

Folgende Spannungsfelder können in den Beziehungen von Mitarbeitern und Führungskräften auftreten:

- ▸▸ *Führungskraft zum Mitarbeiter*
  - mangelnde Akzeptanz einzelner Mitarbeiter
  - Erteilung unklarer Anweisungen
  - Überforderung der Mitarbeiter
  - mangelhafte Einsatzplanung

- improvisierte Organisation
- zu wenig Netzwerk-Informationen
- persönliche Ziele der Mitarbeiter werden nicht akzeptiert
- keine Förderung und Entwicklung
- mangelhafte Anerkennung

▸▸ *Führungskraft zum Vorgesetzten*
- Entscheidungsschwächen des Vorgesetzten
- Rückdelegation von Verantwortung bei Entscheidungen
- mangelhafte Kooperation und Kommunikation
- fehlende Unternehmens- und Abteilungsziele
- kein transparenter Geschäftsverteilungsplan (bei mehr als zwei Vorgesetzten)
- starke Machtkämpfe
- nicht »Nein« sagen können

▸▸ *Vorgesetzter zur Führungskraft*
- mangelnde Akzeptanz
- keine Delegation
- fehlendes Berichtswesen (Informationsfluss von oben nach unten funktioniert nicht)
- keine Förderung
- mangelhafte Unterstützung der Ideen der Führungskräfte
- keine Loyalität
- zu viele »Selbstverständlichkeiten«

▸▸ *Führungskräfte zu Führungskräften*
- Kompetenzübergriffe
- Neid, Machtkämpfe
- zu starkes Konkurrenzdenken untereinander
- schlechtes Informationswesen
- bewusst falsche Informationen
- ungleiche Ziele und Erfolgshonorierung

▸▸ *Mitarbeiter zur Führungskraft*
- unrealistische Zielvereinbarungen
- mangelnde Akzeptanz
- keine Vorbildwirkung
- fühlt sich alleine gelassen, keine Unterstützung, Förderung
- weiß fachlich mehr als die Führungskraft

▸▸ *Mitarbeiter untereinander*
- unklare Aufgabenverteilung
- Bevorzugung einzelner Teammitglieder
- bewusstes Intrigieren
- Kompetenzübergriffe
- ungleiche Anerkennung
- ungerechte Be- und Entlohnung

Weitere Beispiele sind der Abbildung zu entnehmen.

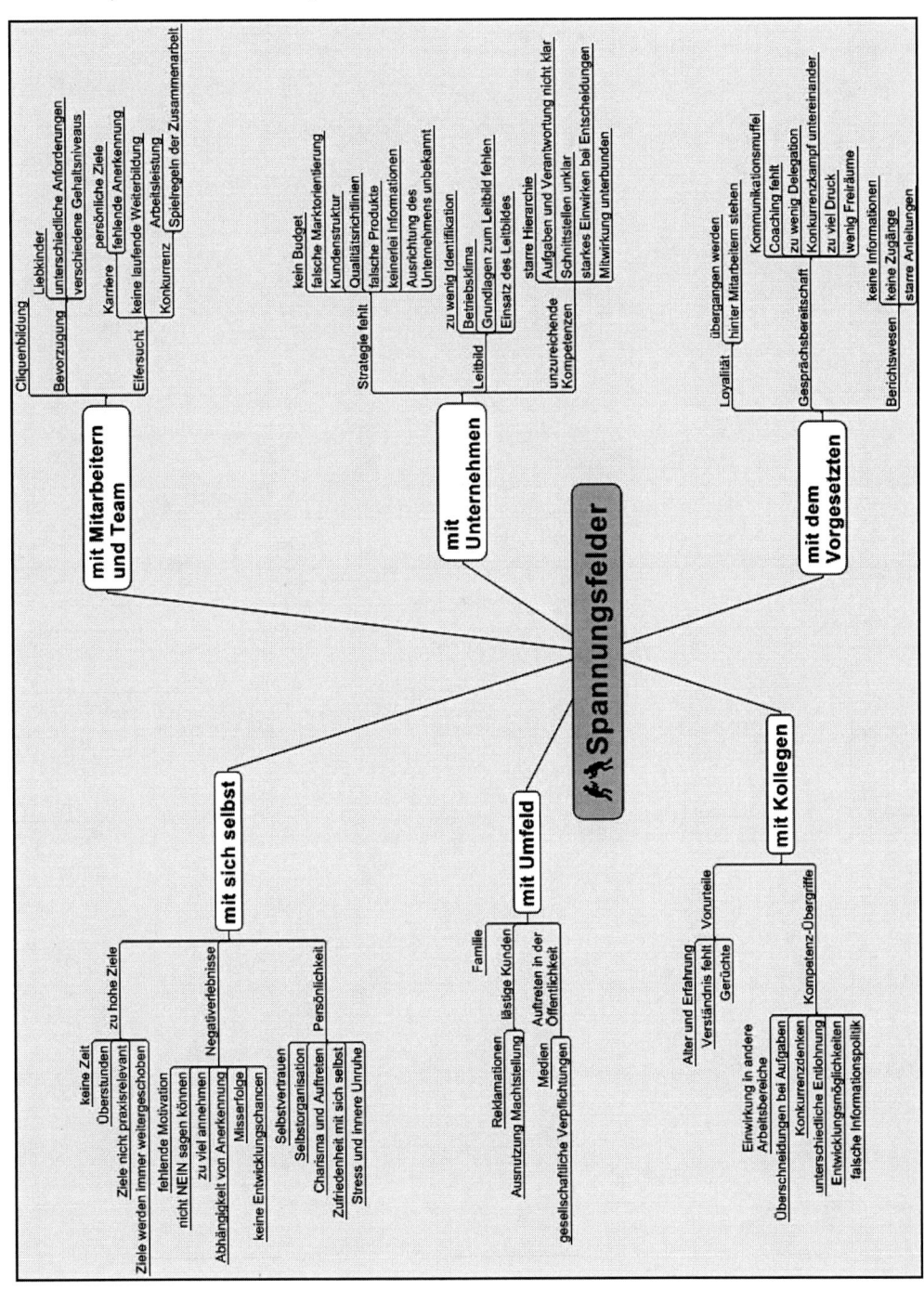

Mit der folgenden Checkliste können Sie Ihren persönlichen Zufriedenheitsgrad mit Ihren jeweiligen Spannungsfeldern angeben und sich Maßnahmen zu deren positiver Beeinflussung überlegen:

Checkliste: Meine Spannungsfelder

Bewertung 1 bis 7 (1 = wenig zufrieden stellend, sehr gespannt; 7 = sehr zufrieden stellend, positiv)

Spannungsfeld (Ich zu ...)	Bewertung	Maßnahmen
Umwelt: ▸ ▸ ▸ ▸		
Unternehmen: ▸ ▸ ▸ ▸		
Mitarbeiter/Team: ▸ ▸ ▸ ▸		
Vorgesetzte: ▸ ▸ ▸ ▸		
Andere Führungskräfte: ▸ ▸ ▸ ▸		

5. FÜHRUNGSSTILE UND -SYSTEME

5.1 Welche wichtigen Führungsstile gibt es?

Führung bedeutet nicht allein, dauerhafte Regelungen zu treffen, sondern immer mehr ein flexibles Anpassen an veränderte Situationen, an unterschiedliche Mitarbeiter, Motivationen und Qualifikationen.

Dabei ist der Führungsstil, den ein Manager in einer bestimmten Situation anwendet, abhängig von seinen persönlichen Eigenschaften, seiner Werteorientierung, seiner Einstellung, seinen Mitarbeitern, seiner Kompetenz und der Funktion, die er im Unternehmen zu erfüllen hat.

Unter Führungsstil ist ein Führungsverhalten zu verstehen, das an einer einheitlichen methodischen Grundhaltung orientiert ist. Es handelt sich um regelmäßig wiederkehrende Verhaltensmuster des Vorgesetzten gegenüber dem Mitarbeiter. Führungsstile werden vor allem durch das Ausmaß der Beteiligung der Mitarbeiter am Entscheidungsprozess gekennzeichnet.

Die wesentlichen Führungsstile lassen sich mit

- ▶▶ patriarchalisch
- ▶▶ charismatisch
- ▶▶ autoritär
- ▶▶ laissez faire und
- ▶▶ kooperativ

kennzeichnen.

Was macht nun die einzelnen Führungsstile aus?

Führungsstil	Definition
Patriarchalisch	Die Führungskraft steht in direktem Kontakt mit dem Kunden, ist über alles orientiert und sieht ihre Mitarbeiter als vielseitig einsetzbare Helfer, die sie väterlich zu beschützen hat.
Charismatisch	Die Führungskraft wird aufgrund ihrer Ausstrahlung als absolute Autorität empfunden. Sie entscheidet alleine.
Autoritär	Die Mitarbeiter sind vollständig untergeordnet und reine Vollzugsorgane. In Krisensituationen wird auch heute noch dieser Stil als einzig möglicher angesehen.
Laissez faire	Die Führungskraft agiert sehr zurückhaltend und lässt ihren Mitarbeitern weitgehend freie Hand.
Kooperativ	Die Gruppe entscheidet mit oder trifft überhaupt die Entscheidung, wobei die Führungskraft innerhalb der Gruppe gleichberechtigtes Mitglied ist.

5.2 Autoritärer und kooperativer Führungsstil

Das Gegensatzpaar »autoritärer« und »kooperativer« Führungsstil kennzeichnet die extremen Punkte einer Skala von Verhaltensweisen bei der Personalführung.

In der Praxis gibt es diese reinen Ausprägungen von Führungsstilen nicht. In jeder Organisation und auch in deren verschiedenen Bereichen wird meist ein eigener Führungsstil praktiziert, der zwischen den beiden extremen Polen liegt.

Es gibt keinen Führungsstil, der von vornherein als der beste empfohlen werden kann, da erst die jeweiligen Situationsvariablen im Unternehmen berücksichtigt werden müssen.

Kriterien für die Unterscheidung der Führungsstile betreffen folgende Dimensionen:

- ▶ Die Beteiligung der Mitarbeiter an den Ziel- und Mittelentscheidungen
- ▶ Unter- bzw. Überstellungsverhältnisse, insbesondere das Weisungssystem
- ▶ Einbeziehung der Mitarbeiter in den Informationskreislauf
- ▶ Detailliertheit der zugehenden Anweisungen
- ▶ Art und Umfang der ausgeübten Kontrollen

Auf den folgenden Seiten werden diese unterschiedlichen Ausprägungen dargestellt.

Führungselemente von:	
Autoritärem Führungsstil	Kooperativem Führungsstil
Führungsleitbild:	
Die Führungskraft ist der Herr, die Mitarbeiter sind Untergebene und Gefolgsleute.	Die Führungskraft lenkt und koordiniert die Zusammenarbeit der Mitarbeiter, die als Partner gesehen werden.
Autoritätsbasis:	
Die Autorität ist institutionell verankert; ihr wird ein hoher sittlicher Eigenwert zugeschrieben.	Die Autorität ergibt sich funktionell aus den Notwendigkeiten einer Kooperation und den Fähigkeiten der Führungskraft.
Unterstellungsverhältnisse:	
Sie sind klar und streng hierarchisch definiert. Man versucht damit, die Autorität abzusichern und den Gehorsam der Mitarbeiter zu erzwingen.	Die hierarchischen Beziehungen werden durch informale Beziehungen teilweise überdeckt, teilweise ersetzt. Abweichungen vom Organigramm werden toleriert, solange Arbeitsabläufe und Arbeitserfolg nicht beeinträchtigt werden.
Organisation:	
Aufgaben werden stark konkretisiert.	Es gibt nur Rahmenregelungen für die Aufgabenerfüllung.

Den Mitarbeitern wird unterstellt:	
... dass sie eine Abneigung gegen Arbeit haben und es ihnen an Intelligenz fehlt, ihre Arbeit selbst einzuteilen.	... dass sie Erfüllung in der Arbeit finden, wenn gleichzeitig ihre persönlichen Ziele realisierbar sind. Die Mitarbeiter sind fähig, den jeweils besten Weg zur Lösung einer Aufgabe zu finden.
Delegation:	
Die Führungskraft delegiert nur Ausführungsaufgaben, aber keine Planungs-, Entscheidungs- und Kontrollaufgaben.	Neben Ausführungsaufgaben werden auch Planungs-, Entscheidungs- und Kontrollaufgaben delegiert. Die oberste Führung behält sich nur die Erfolgskontrolle vor.
Information:	
Die Mitarbeiter werden nur über das Notwendigste informiert (»Tagesbefehl«).	Informationen dienen als Führungsmittel. Sie werden durch die Delegation der Verantwortung erzwungen.
Entscheidungsbildung:	
Die Führungskraft weiß und kann alles besser. Deswegen kann grundsätzlich auf Besprechungen und Beratung mit den Mitarbeitern verzichtet werden.	Die Führungskraft ist auf die Mitwirkung der Mitarbeiter angewiesen, um sachgerechte Entscheidungen treffen zu können.
Durchsetzung von Entscheidungen:	
Das Mittel dazu ist der Befehl. Einwände sind grundsätzlich nicht erwünscht.	Zur Durchführung einer Entscheidung dient der Auftrag. Einwände sind gestattet und führen, falls begründet, zur Änderung des Auftrags.
Kontrolle:	
Sachliche Kontrolle bis ins Detail (der Vorgesetzte sieht alles).	Kontrolle kann auch beim kooperativen Führungsstil nicht delegiert werden. Neben der sachlichen Kontrolle wird auch eine führungsbezogene (z. B. Motivation) durchgeführt.

5.3 Untaugliche Führungsstile – auf einfache Art und Weise beschrieben

»Es kommt immer alles zurück«

Der Patriarch

Ausprägung
- Patriarch hat vollständige Kontrolle über Organisation
- Selbstwertgefühl und Image eines Patriarchen bedürfen der ständigen Bestätigung, die durch erfolgreich bestandene Konfrontationen mit Außenstehenden erreicht wird

Welche Auswirkungen auf Führungskräfte und Mitarbeiter?
- Absolute Loyalität aller Mitarbeiter wird verlangt
- Ziele werden von oben diktiert
- Ziele sind nicht auf Interessen der gesamten Organisation bezogen, sondern auf Interessenslage des Patriarchen
- Mitarbeiter haben für Routinearbeiten freie Hand

Wie verhalten sich die Mitarbeiter?
- Die Untergebenen müssen den Chef lediglich von den Plätzen außerhalb der Arena anfeuern
- Mitarbeiterverhalten entwickelt neue Patriarchen oder anderes Extrem
- Unterwürfig und ineffizient

Der fleißige Biber

Ausprägung
- Produktivität wird anhand von Berichten gemessen

- Gelegentlich Arbeitswochenende erwünscht
- Vergleichbar mit Nagetier: große (Papier-)Dämme als Schutz
- Arbeitsberge werden vor sich her geschoben

Welche Auswirkungen auf Führungskräfte und Mitarbeiter?
- Sehr gründliches Arbeiten wird verlangt
- Nötigung zu Überstunden, obwohl normalerweise nicht notwendig
- Überstunden sind ein Mittel zur Kontrolle der Produktivität
- Produktivität wird verschleppt und behindert
- Massen von unbrauchbaren Informationen werden produziert, die oft nur im Papierkorb landen
- Keine Basis für Leistung und Erfolg vorhanden

Wie verhalten sich die Mitarbeiter?
- Werden demoralisiert
- Arbeitsstress laugt aus
- Lassen alles den »Biber« machen
- Übernehmen keine Verantwortung, da Aufgabe in anderen Bereich gehört

Der Politiker

Ausprägung
- Unechte Kontrollen
- Übertriebene Zusammenarbeit
- Viele Worte – wenige Taten
- Neigt zu Übertreibungen
- Politiker mit guten Reflexen können eine Zeitlang erfolgreich sein, aber wenige schaffen es, immer wegzutauchen

Welche Auswirkungen auf Führungskräfte und Mitarbeiter?
- Mitarbeiter brauchen Flexibilität, da häufig Entscheidungen über Bord geworfen werden
- Viele von ihnen arbeiten gerne für Politiker, da sie nur sagen müssen, was diese hören möchten
- Zu viel Lob und Anerkennung, nicht mehr realistisch

Wie verhalten sich die Mitarbeiter?
- Da zu viel quantifiziertes Lob – negative Auswirkung – Frustration und Verärgerung werden initiiert
- Mitarbeiter tauchen unter
- Wenig Kreativität und Innovation

Der Pedant

Ausprägung
- Will bis ins letzte Detail wissen, was seine Untergebenen machen
- Trifft Entscheidungen nach langen Überlegungen selbst
- Lange Entscheidungsprozesse, dadurch wirken und hinken die Aktivitäten lange nach

- Keine Führungsarbeit, sondern reine Beschäftigung mit dem Treiben und Geschehen im Haus

Welche Auswirkungen auf Führungskräfte und Mitarbeiter?
- Glauben, dass sie weitsichtiger und kenntnisreicher sind als ihre Mitarbeiter
- Es gibt keine Gruppenentscheidungen
- Zwingen die Führungskräfte und Mitarbeiter, Aufgaben immer wieder aufs Neue zu überarbeiten
- Mitarbeiter werden zum langsamen und umständlichen Arbeiten erzogen
- Aufgaben werden selten delegiert, wenn doch, bleiben die Vorgesetzten dicht auf dem »Pelz«
- Tadel sehr häufig, kaum Lob

Wie verhalten sich die Mitarbeiter?
- Mangelndes Vertrauen schwächt zwischenmenschliche Kooperation und Kommunikation
- Wenig Kreativität und Schwung in der Arbeit
- Schlechtes Kontrollverständnis

Der Vogel Strauß

Ausprägung
- Steckt selbst den Kopf lieber in den Sand
- Geht Konflikten aus dem Weg
- Hemmt Kreativität und Wachstum

Welche Auswirkungen auf Führungskräfte und Mitarbeiter?
- Liebt den Status quo und fürchtet Meinungsverschiedenheiten
- Hofft, dass Probleme sich in Nichts auflösen
- Vermeidet strittige Fragen und Debatten
- Im eigenen Fachgebiet tüchtig und kenntnisreich
- Strauße verwenden mehr Gedanken darauf, wie ihre Arbeitsleistungen durch Vorgesetzte beurteilt werden, als darauf, welche Arbeitseinstellung ihre Mitarbeiter haben

Wie verhalten sich die Mitarbeiter?
- Mangel an Initiative, Kreativität und Produktivität
- Wenig Eigenmotivation
- Keine Entwicklungsinitiative
- Abschieben von Tätigkeiten, da keine Kontrolle
- Negatives Betriebsklima

Der Do-It-Yourselfer

Ausprägung
- Sind oft hochbegabte Individualisten, oft auch Workaholics
- Nur triviale Tätigkeiten werden delegiert
- Macht alle Dinge selbst, insbesondere anspruchsvolle Arbeiten
- Unentbehrliche Führungskräfte

Welche Auswirkungen auf Führungskräfte und Mitarbeiter?
- Tätigkeiten werden ausgeführt, ohne die Ziele zu definieren
- Wenn nicht da, kann ganze Abteilung lahmgelegt werden
- Keine Mitarbeiteranerkennung
- Keine interessanten Aufgaben für Mitarbeiter
- Motto im Haus: »Wenn du willst, dass eine Arbeit gut gemacht wird, musst du sie selber machen.«

Wie verhalten sich die Mitarbeiter?
- Mitarbeiter erhalten nur triviale Aufgaben
- Mitarbeiterverhalten wie bei »Vogel Strauß«
- Machen möglichst wenig selbst und delegieren alles nach oben
- Haben als Mitarbeiter keine Verantwortung und Kompetenz

10 dumme Führungsfehler

① Kein Lob - zu viel Kritik

② Zu wenig Delegation

③ Zu wenig Information

④ Zu wenig Vertrauen in die Mitarbeiter

⑤ Zu viel Druck ausüben - zu autoritär

⑥ Zu wenig kontrollieren

⑦ Zu hohe Ziele - keine Fairness

⑧ Probleme vor sich herschieben

⑨ Zu wenig zuhören - keine Zeit

⑩ Negatives Kritikverhalten - Angst schüren

5.4 Die Führungsstil-Analyse

Vereinfacht ausgedrückt, kann man sagen, dass Führen eine Sender-Empfänger-Aufgabenstellung ist. Jeder Kommunikationsforscher kennt die Differenz zwischen Handlungsabsicht und subjektiv empfundener Empfänger-Wirkung. Das, was jemand zum Ausdruck bringt, ist nicht nur eine inhaltliche Botschaft, sondern auch seine Einstellung zum anderen, oft sogar die Einstellung zu sich selbst. Ähnlich geht es auch dem Empfänger. Sein Eindruck von der Botschaft hängt auch von seiner Einstellung zum Sender ab.

Da Sie als Führungskraft darauf angewiesen sind, dass das eigene Wort und Verhalten auch die beabsichtigte Wirkung erzielen, sollten Sie ab und zu den Empfänger, d. h. Ihren Mitarbeiter, fragen, was von der Sendung bei ihm angekommen ist, um die eigene Führungswirkung zu optimieren.

Die Führungsstil-Analyse (FSA) ist ein Feedback-Instrument zur Sensibilisierung und Effizienzsteigerung der Führungsleistung. Mit ihr kann jeder Vorgesetzte erfahren, wie sein Führungsverhalten auf seine Mitarbeiter/Kollegen/Kunden wirkt. Er kann diese Wirkung mit seiner Selbsteinschätzung vergleichen und daraus Konsequenzen zur Verbesserung seiner Führungsleistung ziehen.

Die hier vorgestellte Führungsstil-Analyse (FSA) wurde von der »Gesellschaft für Qualitative Personalarbeit mbH«, Dr. W. Jeserich, Bergisch Gladbach, entwickelt und hat bereits eine lange Tradition. Sie war von Anfang an gleichermaßen wissenschaftlich wie praxisrelevant ausgerichtet. Die Erfahrungen im Einsatz des Instrumentariums haben gezeigt, dass die FSA – wie kaum ein anderes Instrument – sensibilisiert und auf zwanglose Weise Möglichkeiten zur Mobilisierung von Energien und Effizienzreserven aufzeigt.

Die Führungsstil-Analyse kann für folgende Absichten eingesetzt werden:

▸ Feedback für die Führungskraft durch Vergleich Eigen- und Fremdbild
▸ 360-Grad-Feedback – alle Ebenen haben die Möglichkeit, sich zu äußern
▸ FSA als Bedarfserhebung im Führungskräfte-Entwicklungsbereich (Einzelauswertungen werden zusammengeführt – Stärken und Schwächen des Führungsteams daraus für interne Entwicklungen bzw. Coaching-Aktivitäten zusammengefasst)
▸ Grundlage für ein Teamtraining
▸ Evaluierung ist durch neuerliche Analyse nach einiger Zeit mit Vergleich zum Erstergebnis sehr wirkungsvoll
▸ Motivation der Führungskraft
▸ Frühwarnsystem – Entwicklungstendenzen werden aufgezeigt
▸ Bestätigung des richtigen Kurses
▸ Ermittlung von Potenzialen und Effizienz steigernden Maßnahmen
▸ Messen der Akzeptanz innerhalb derselben Hierarchieebene
▸ Persönliche Wirkung auf Teams wird aufgezeigt
▸ Erkennen, mit welchen Mitarbeitern Konflikte nicht gelöst sind
▸ Wirkung der Umsetzung der einzelnen Führungsaufgaben wie Delegation, Ziele vereinbaren und umsetzen, Mitarbeiter- und Teamentwicklung
▸ Entwickeln eines gezielten Führungskräfte-Trainings

In den letzten Jahren ist die Notwendigkeit von Prozessoptimierung, Lean Management und Effizienzanalysen auch im Führungsbereich stark gewachsen und ebenso der Wunsch der Führungskräfte, das kommunikative Klima in ihrem Einflussbereich zu verbessern. Zugenommen hat auch die Fähigkeit der Manager, Feedback zu suchen und zu akzeptieren.

Die Anforderungen und Ansprüche an Führungskräfte haben sich auch wesentlich verändert. So sind heute die Dimensionen »Soziale Kompetenz« (Teamorientierung, Fairness, Kommunikation), »Individuelle Leistungsfähigkeit« (Ziel- und Ergebnisorientierung, Lern- und Innovationsklima) und »Intrapersonale Kompetenz« (glaubwürdiges Auftreten, Konfliktfähigkeit/Belastbarkeit) von besonderer Wichtigkeit. Immer mehr Manager steigen innerlich aus Systemen aus, weil sie es einfach nicht schaffen, mit der sehr oft vorhandenen hohen fachlichen Kompetenz auf die angeführten Anforderungen im gleichen Ausmaß zu reagieren.

Die FSA bietet weiters allen Führungskräften in einem Unternehmen einen Gesamtspiegel, wie sich die Führungskräfte selbst sehen und wie sie sowohl vom Vorstand/von der Geschäftsführung als auch von den Mitarbeitern gesehen werden. Dadurch können Indoor- und Outdoor-Prozesse qualitativ wesentlich unterstützt werden.

5.4.1 Leitlinien der Führungsstil-Analyse

Führen und kommunizieren muss man erfahren

Führung ist in erster Linie Kommunikation. Man soll ihre Wirkung erfahren, um daraus lernen zu können. Dabei treten naturgegebene Differenzen zwischen Absicht und tatsächlicher Wirkung auf, die man nur verringern kann, wenn man sie kennt.

Tatsächliches Führungsverhalten messen

Gemessen werden Führungsleistungen meist in den Zahlen der Ziel- und Ergebnisbetrachtung. Wie hoch sind Steigerungsraten im Umsatz, Deckungsbeitrag, die Mitarbeiterproduktivität usw. – alles wird in Form von Zahlen bis ins kleinste Detail zerlegt. Die wahren Auswirkungen von Erfolg bzw. Misserfolg werden oft (aus Zeitgründen) nicht mehr genau analysiert. Es interessiert ja den Aktionär nicht im Detail, warum ein Unternehmen erfolgreich ist, sondern die Rendite und Zukunftsperspektiven (Geldvermehrung) müssen stimmen. Ob jemand als Manager »menschlich arbeitet« oder nicht, ist egal – außer das Ausmaß der Fluktuation ist bereits bis zum Aufsichtsrat vorgedrungen.

Ein Diagnoseinstrument zur Erfassung der sozialen Auswirkungen der Führungsarbeit muss reale Situationen, konkretes Verhalten und vorhandene Leistungsblockaden messen und sollte nicht von ideologischen oder idealtypischen Gedankengebäuden eingeengt werden. Es muss das Zusammenwirken von Vorgesetzten, Mitarbeitern, Kollegen und situationsbedingten Verhältnissen berücksichtigen.

Diagnosen sollen helfen, die Führungswirkung weiter zu verbessern

Durch ein systematisches Feedback sollen Ansätze für weitere Leistungsverbesserungen sowohl bei Vorgesetzten als auch bei Mitarbeitern gesucht und verabredet werden. Das gilt unabhängig von dem schon erreichten Leistungsniveau. Schuldige zu suchen oder sich vordringlich mit der Vergangenheit zu beschäftigen, ist nicht das Anliegen der FSA.

Auf wissenschaftlich abgesichertes Vorgehen stützen

Die Glaubwürdigkeit eines Instrumentes und seine Akzeptanz werden erhöht, wenn das Instrument methodisch sorgfältig erarbeitet und auch für jede Führungskraft transparent ist sowie wissenschaftlichen Standards standhält. Die FSA misst das, was sie messen soll, und zwar so, dass sie zur Umsetzung in reale Handlungen und zu entsprechenden Konsequenzen anregt.

Vertraulichkeit sicherstellen

Vertraulichkeit und Anonymität müssen in allen Phasen gewährleistet sein oder können durch ausdrückliche Zustimmung der Betroffenen aufgehoben werden.

5.4.2 Ablauf und Einsatz

Woraus besteht die FSA?
- ▸ Fragebögen für jeden Mitarbeiter/Kollegen/Kunden und für den Vorgesetzten bzw. die Führungskraft
- ▸ Standardisierte EDV-Auswertung mit ausführlichem Gutachten (entweder pro Führungskraft oder zusammengefasst für alle bzw. bestimmte Führungsebenen)

Wie läuft die FSA ab?
- ▸ Offene Information der Teilnehmer über das Verfahren
- ▸ Ausfüllen der Fragebögen (ca. 25 bis 30 Minuten pro Bogen)
- ▸ Auswerten der Fragebögen
- ▸ Vertrauliche Erstellung eines Gutachtens

Wie wird das Ergebnis umgesetzt?
- ▸ Besprechen der Ergebnisse mit der Führungskraft (ca. zwei Stunden)
- ▸ Erstellung Stärken- und Schwächenbilanz
- ▸ Analyse der zukünftigen Lernfelder
- ▸ Erstellung Aktivitätsplan zur weiteren Entwicklung
- ▸ Gemeinsam mit den Mitarbeitern bzw. Kollegen einen Aktionsplan zur individuellen bzw. abteilungsorientierten Effizienzsteigerung erarbeiten (vier bis sechs Stunden)

5.4.3 Welche Kategorien beinhaltet die FSA?

Folgende Bereiche der Führungsarbeit werden untersucht:

1. Soziale Kompetenz
- ▸ Information und Kommunikation
- ▸ Teamorientierung
- ▸ Fairness

2. Denk- und Planungskompetenz
- ▸ Klare Organisationsverhältnisse und transparente Abläufe
- ▸ Problemlösungsfähigkeit und Organisation der eigenen Arbeit
- ▸ Unternehmerisches Denken und Handeln

3. *Intrapersonale Kompetenz*
   ▸ Glaubwürdiges Auftreten
   ▸ Konfliktfähigkeit/Belastbarkeit

4. *Individuelle Leistungsaktivität*
   ▸ Zielorientierung
   ▸ Lern- und Innovationsklima

5. *Führungsaktivität*
   ▸ Beteiligung Betroffener an Entscheidungsprozessen
   ▸ Hilfe und Förderung
   ▸ Kunden- und Qualitätsorientierung

5.4.4 Beispiel eines Profilvergleichs Selbst- und Fremdbild

Profilvergleich Führungskraft/Mitarbeiter

Die folgenden Abbildungen zeigen beispielhaft das Auswertungsergebnis einer Führungsstil-Analyse, bei der die Führungskraft von acht Mitarbeitern bewertet wurde. Bei Abb. 1 handelt es sich um die grafische Aufbereitung der statistischen Kennwerte. Es sind fünf Balkenpaare zu den entsprechenden fünf Hauptdimensionen abgebildet. Der Werteumfang der Skala von 1 bis 7 wird in drei Bereiche geteilt: ein mittlerer Normbereich, ein unterer und ein oberer Bereich. Liegen die individuellen Werte der Mitarbeiter im unteren Bereich, so ist Handlungsbedarf angesagt.

Abb. 2 zeigt die Anzahl der ausgefüllten und ausgewerteten Mitarbeiterfragebögen an. Wer Mitarbeiter 1 und 2 sind, kann wegen der zugesicherten Anonymität nicht gesagt werden, es kann aber von Interesse sein zu sehen, wie unterschiedlich einzelne Mitarbeiter ihre Führungskraft bewerten.

Größere Unterschiede zwischen Selbst- und Fremdbild erfordern eine genauere Analyse der Situation. Das angeführte Beispiel zeigt, dass die Mitarbeiter dieser Führungskraft vor allem mit der Dimension »Intrapersonale Kompetenz« und »Führungsaktivität« unzufrieden sind. In der Dimension »Intrapersonale Kompetenz« hat sich die Führungskraft auch am meisten überschätzt, d. h. sie sieht sich hier weit positiver und schätzt ihre Führungswirkung höher ein, als sie ist.

Aus Abb. 2 ist zu erkennen, dass es einen Mitarbeiter gibt, der offensichtlich mit der Tätigkeit der Führungskraft insgesamt sehr unzufrieden ist, sei es, dass der Mitarbeiter sich in der Abteilung nicht wohlfühlt, nicht mit der Führungskraft kann, es ungeklärte Konflikte gibt oder Ähnliches. Diese Unzufriedenheit sollte von der Führungskraft im anschließenden Aufarbeitungsprozess mit den Mitarbeitern geklärt werden.

Da die Auswertung dieser Hauptdimensionen natürlich zu wenig ist, um konkreten Handlungsbedarf aufzuzeigen, wird die Bewertung immer mehr in die Tiefe gehend dargestellt (Abb. 3). Der Profilvergleich in den Subdimensionen zu den fünf Hauptdimensionen zeigt, dass die Mitarbeiter ihre Führungskraft z. B. hinsichtlich ihres glaubwürdigen Auftretens schwach bewerten und auch ihre Konfliktfähigkeit und Belastbarkeit zu hinterfragen sind. In der Hauptdimension »Führungsaktivität« sind beide Unterdimensionen von den Mitarbeitern annähernd gleich bewertet.

Eine große Differenz gibt es aber z. B. auch in der Subdimension »Problemlösefähigkeit und Organisation der eigenen Arbeit«. Sehr positiv wird die Führungskraft hinsichtlich »Unternehmerisches Denken und Handeln« sowie »Fairness« bewertet.

Eine genaue Übersicht aller Mitarbeiterwerte pro Frage lt. Fragebogen und die Zuordnung der Fragen zu den Subdimensionen ist aus der »Übersicht über Mitarbeiter-Werte per Item« (Abb. 4) ersichtlich, in der besonders gut oder besonders schlecht bewertete Themen noch zusätzlich gekennzeichnet sind. Anhand dieser Bewertung kann die Führungskraft ihre Führungswirkung gezielt hinterfragen und sich überlegen, welche Themen mit den Mitarbeitern genauer aufzuarbeiten sind. So ist im Rahmen dieses Beispiels für die Führungskraft nun ersichtlich, dass ihre schlechte Bewertung bezüglich glaubwürdigem Auftreten daraus resultiert, dass die Mitarbeiter nicht der Meinung sind, dass die Führungskraft die Anliegen der Mitarbeiter anderen gegenüber überzeugend vertritt, oder dass sie die Führungskraft hinsichtlich ihrer Konfliktfähigkeit als eher schwach erleben.

Ergänzend zu dieser quantitativen Analyse lassen wir die Mitarbeiter auch noch einen Fragebogen ausfüllen, mit dem sie wörtlich zu ihrer Führungskraft Stellung nehmen können und auch Unzufriedenheit und Verbesserungsvorschläge aussprechen können. So hat die Führungskraft zu einzelnen Subdimensionen gleich konkrete Inhalte zur Hand. Dieser Fragebogen beinhaltet die Themen:

- ▸ *Was macht der Vorgesetzte gut?*
- ▸ *Was macht der Vorgesetzte weniger gut?*
- ▸ *Was sind die Stärken des Unternehmens?*
- ▸ *Was sind die Schwächen des Unternehmens?*
- ▸ *Worüber ärgere ich mich im Gesamtunternehmen?*
- ▸ *Welche Aktivitäten gehören in Zukunft verbessert?*

Abbildungen zur Mitarbeiter-Beziehung:

Mitarbeiter

Abb. 1: Profilvergleich aller Selbst- und Fremdbilder

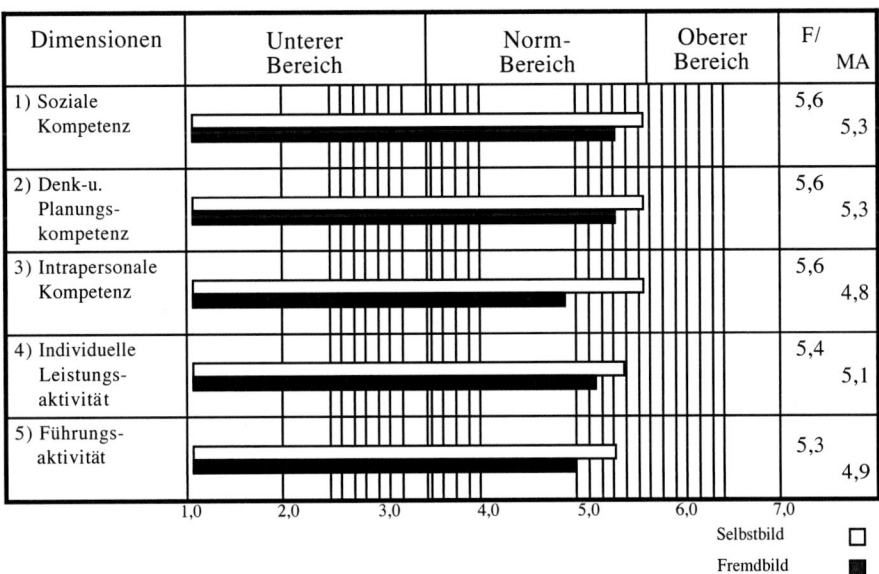

Selbstbild ☐
Fremdbild ■

Mitarbeiter

Abb. 2: Mittelwerte der einzelnen Mitarbeiter

Dimensionen	Mitarbeiter (MA)								Mittel (M)		An-zahl
	1	2	3	4	5	6	7	8	F	MA	MA
1) Soziale Kompetenz	6,7	5,0	5,5	4,8	5,7	2,9	5,5	5,9	5,6	5,3	8
2) Denk- und Planungskompetenz	6,6	5,5	5,9	5,3	5,2	2,9	5,4	5,6	5,6	5,3	8
3) Intrapersonale Kompetenz	7,0	5,0	5,4	5,3	3,4	2,3	3,9	5,8	5,6	4,8	8
4) Individuelle Leistungsaktivität	6,6	5,1	5,8	4,9	6,0	2,4	4,6	5,5	5,4	5,1	8
5) Führungsaktivität	6,8	5,2	5,4	4,4	5,6	2,7	4,4	5,0	5,3	4,9	8

Mitarbeiter

Abb. 3: Profilvergleich pro Subdimension

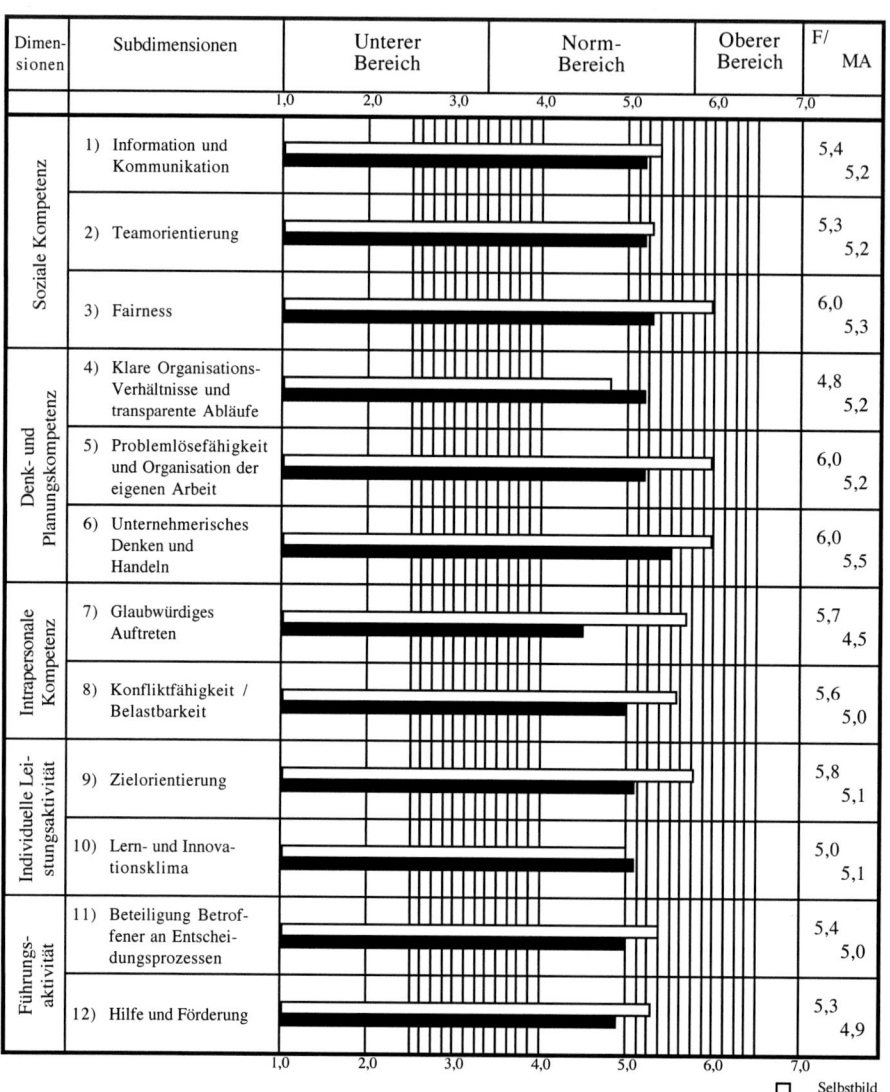

Dimensionen	Subdimensionen	Unterer Bereich	Norm-Bereich	Oberer Bereich	F/MA
Soziale Kompetenz	1) Information und Kommunikation				5,4 / 5,2
	2) Teamorientierung				5,3 / 5,2
	3) Fairness				6,0 / 5,3
Denk- und Planungskompetenz	4) Klare Organisations-Verhältnisse und transparente Abläufe				4,8 / 5,2
	5) Problemlösefähigkeit und Organisation der eigenen Arbeit				6,0 / 5,2
	6) Unternehmerisches Denken und Handeln				6,0 / 5,5
Intrapersonale Kompetenz	7) Glaubwürdiges Auftreten				5,7 / 4,5
	8) Konfliktfähigkeit / Belastbarkeit				5,6 / 5,0
Individuelle Leistungsaktivität	9) Zielorientierung				5,8 / 5,1
	10) Lern- und Innovationsklima				5,0 / 5,1
Führungsaktivität	11) Beteiligung Betroffener an Entscheidungsprozessen				5,4 / 5,0
	12) Hilfe und Förderung				5,3 / 4,9

☐ Selbstbild
■ Fremdbild

NEGES' MANAGEMENTTRAINER

Abb. 4: Übersicht über Mitarbeiter-Werte per Item

lfd. Nr.	F→MA	MA→F	Fragen	Mitarbeiter
			I SOZIALE KOMPETENZ	
			1) Information und Kommunikation	
1	5,0	4,9	Ich werde von meiner Führungskraft ausreichend informiert, welche übergeordneten Zielsetzungen bestehen und welchen Beitrag ich zur Zielerreichung leisten kann.	
2	5,0	5,2	Durch regelmäßige Besprechungen fördert sie den Informationsaustausch.	
3	6,0	5,5	Sie kommuniziert offen und glaubwürdig.	
4	6,0	5,2	In Gesprächen mit ihren Mitarbeitern schafft meine Führungskraft eine Atmosphäre, in der wir uns gelöst und entspannt fühlen.	
5	5,0	5,4	Sie ermuntert uns zur offenen und ehrlichen Kommunikation.	
			2) Teamorientierung	
6	6,0	5,0	Meine Führungskraft lässt auch andere Meinungen als die eigene gelten.	
7	3,0	4,8	Sie erarbeitet mit uns gemeinsame Spielregeln und hält sich daran.	
8	6,0	5,5	Meine Führungskraft steht zu ihren Aussagen.	
9	5,0	4,8	Sie kann ein Team so führen, dass es gut zusammenarbeitet und gemeinsame Ziele verfolgt.	
10	6,0	5,2	Sie fördert den kollektiven Gedankenaustausch im Team.	
11	6,0	5,9*	Sie sorgt dafür, dass sich bei der Diskussion alle Diskussionsteilnehmer einbringen (können).	
12	5,0	5,0	Meine Führungskraft trägt durch ihr Verhalten dazu bei, dass die Arbeit auch Spaß macht.	
			3) Fairness	
13	6,0	5,2	In Gesprächen mit ihren Mitarbeitern schafft meine Führungskraft eine Atmosphäre, in der wir uns gelöst und entspannt fühlen.	
14	7,0	5,5	Sie hört mir zu und lässt mich ausreden.	
15	5,0	5,2	Sie spricht auch negative Aspekte meines Verhaltens umsichtig und rücksichtsvoll an.	
16	6,0	5,1	Persönlichen Ärger oder Ärger mit der Geschäftsleitung lässt meine Führungskraft nicht an anderen aus.	
17	6,0	5,6*	Meine Führungskraft übernimmt die Verantwortung für von ihr getroffene Entscheidungen.	
			II DENK- UND PLANUNGSKOMPETENZ	
			4) Klare Organisations-Verhältnisse und transparente Abläufe	
18	5,0	5,6*	Meine Führungskraft schafft klar abgegrenzte Aufgabenbereiche mit den dazu notwendigen Entscheidungsbefugnissen.	
19	6,0	5,1	Sie äußert klar und deutlich ihre Erwartungen in Bezug auf unsere Arbeit/jeder weiß, woran er/sie ist.	
20	3,0	4,8	Sie erarbeitet mit uns gemeinsame Spielregeln und hält sich daran.	
21	5,0	5,2	Wir treffen gemeinsam mit unserem Vorgesetzten klare Terminvereinbarungen.	
			5) Problemlösefähigkeit und Organisation der eigenen Arbeit	
22	6,0	6,5 *	Meine Führungskraft steht Neuerungsvorschlägen aufgeschlossen gegenüber.	
23	7,0	4,4 ⁻	Meine Führungskraft stellt die Lösung eines Problems in den Vordergrund und nicht die Suche nach dem Schuldigen.	
24	5,0	4,8	Konferenzen/Besprechungen werden von ihr gut vorbereitet und strukturiert durchgeführt.	

lfd. Nr.	F→MA	MA→F	Fragen	Mitarbeiter
			6) Unternehmerisches Denken und Handeln	
25	6,0	5,5	Meine Führungskraft überlegt sich neben den kurzfristigen auch die langfristigen Auswirkungen unserer Aktivitäten.	
26	6,0	5,2	Sie denkt nicht nur an Kosten, sondern berücksichtigt auch Nutzen und Ertrag eines Vorgangs.	
27	6,0	5,9 *	Sie erkennt frühzeitig neue Trends und formuliert daraus Ziele, Strategien und Visionen.	
			III INTRAPERSONALE KOMPETENZ	
			7) Glaubwürdiges Auftreten	
28	5,0	4,6	Meine Führungskraft schafft es, dass wir uns mit den Zielen des Unternehmens identifizieren, sie zu unseren eigenen machen.	
29	6,0	5,0	Meine Führungskraft begründet Entscheidungen gegenüber anderen offen und ehrlich.	
30	6,0	4,0 ~	Sie vertritt unsere Anliegen gegenüber anderen überzeugend.	
			8) Konfliktfähigkeit/Belastbarkeit	
31	6,0	5,9*	Meine Führungskraft bleibt auch bei höheren Beanspruchungen sicher, überlegt und belastbar.	
32	5,0	5,0	Offene Kritik ist erwünscht und wird gefördert.	
33	6,0	5,0	Sie sucht bei Konflikten nach annehmbaren Lösungen für alle Beteiligten.	
34	5,0	4,5 ~	Meine Führungskraft kritisiert mit stichhaltigen und hilfreichen Argumenten.	
35	6,0	4,5 ~	Sie scheut sich nicht, sich auf notwendige Konflikte einzulassen.	
			IV INDIVIDUELLE LEISTUNGSAKTIVITÄT	
			9) Zielorientierung	
36	6,0	5,1	Sie bezieht klare Standpunkte und steht dazu.	
37	5,0	4,8	Meine Führungskraft geht drängende Probleme sofort an.	
38	6,0	5,4	Sie zögert nicht, notwendige Entscheidungen zu treffen.	
39	6,0	5,1	Sie reagiert schnell und unbürokratisch auf Veränderungsnotwendigkeiten.	
			10) Lern- und Innovationsklima	
40	5,0	5,9 *	Sie ist bereit, Erkenntnisse von Kunden und Kollegen zu nutzen, um sie in neue Aktionen umzusetzen.	
41	5,0	5,2	Meine Führungskraft leitet mich an, aus meinen Fehlern zu lernen und sie nicht als Misserfolg zu betrachten.	
42	5,0	4,2 ~	Sie informiert mich über Personalentwicklungsmöglichkeiten und ermuntert mich, sie in Anspruch zu nehmen.	
			V FÜHRUNGSAKTIVITÄT	
			11) Beteiligung Betroffener an Entscheidungsprozessen	
43	6,0	5,0	Sie lässt auch andere Meinungen als die eigene gelten.	
44	3,0	5,2	Sie formuliert gemeinsam mit mir klar und verständlich Ziele und Teilziele.	
45	5,0	4,4 ~	Meine Führungskraft vereinbart Ziele, anstatt sie vorzugeben.	
46	6,0	5,1	Sie ermöglicht mir die Mitwirkung an Entscheidungen, die mich betreffen.	
47	7,0	5,0	Bei Entscheidungen, die mich und mein Arbeitsgebiet betreffen, werde ich von meiner Führungskraft nach meiner Meinung gefragt.	
			12) Hilfe und Förderung	
48	5,0	4,9	Meine Führungskraft stellt aktiv Vertrauen und Akzeptanz her.	

lfd. Nr.	F→MA	MA→F	Fragen	Mitarbeiter
49	5,0	4,6	Sie ist für ihre Mitarbeiter da, wenn diese Unterstützung brauchen.	
50	5,0	5,4	Meine Führungskraft fördert ihre Mitarbeiter und kümmert sich um deren Entwicklung.	
51	5,0	4,4 ~	Meine Führungskraft zeigt mir, wenn sie mit meiner Arbeit zufrieden ist.	
52	5,0	5,2	Sie spricht auch negative Aspekte meines Verhaltens umsichtig und rücksichtsvoll an.	
53	7,0	6,0*	Sie interessiert sich für die Ergebnisse meiner Arbeit.	
54	5,0	4,2 ~	Sie informiert mich über Personalentwicklungsmöglichkeiten und ermuntert mich, sie in Anspruch zu nehmen.	
55	5,0	5,0	Meine Führungskraft trägt durch ihr Verhalten dazu bei, dass die Arbeit auch Spaß macht.	
56	6,0	4,6	Sie setzt sich für mich ein.	
57	5,0	4,8	Sie vermittelt ihren Mitarbeitern das Gefühl, dass sie wichtig sind.	

* markieren die positivsten Werte
~ markieren die geringsten Werte dieser FSA

Profilvergleich Führungskraft/Kollegen

Als Ergänzung zur Mitarbeiterbeurteilung kann sich die Führungskraft auch von den für sie in der Zusammenarbeit wichtigsten Kollegen anhand eines eigenen Fragebogens beurteilen lassen. Die Auswertung sieht dann bei den Subdimensionen zum Beispiel so aus (Abb. 5):

Kollegen

Abb. 5: Profilvergleich pro Subdimension

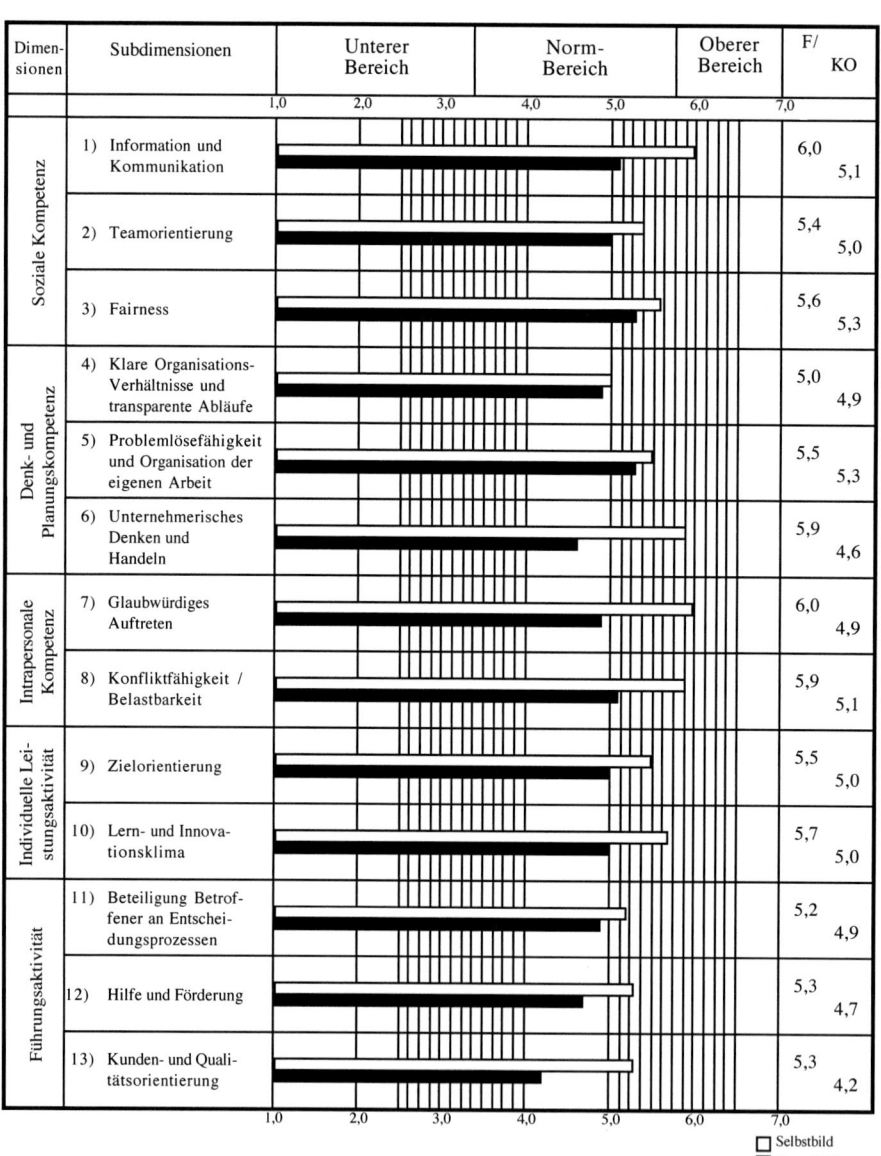

Dimen-sionen	Subdimensionen	Unterer Bereich	Norm-Bereich	Oberer Bereich	F/ KO
Soziale Kompetenz	1) Information und Kommunikation				6,0 / 5,1
	2) Teamorientierung				5,4 / 5,0
	3) Fairness				5,6 / 5,3
Denk- und Planungskompetenz	4) Klare Organisations-Verhältnisse und transparente Abläufe				5,0 / 4,9
	5) Problemlösefähigkeit und Organisation der eigenen Arbeit				5,5 / 5,3
	6) Unternehmerisches Denken und Handeln				5,9 / 4,6
Intrapersonale Kompetenz	7) Glaubwürdiges Auftreten				6,0 / 4,9
	8) Konfliktfähigkeit / Belastbarkeit				5,9 / 5,1
Individuelle Lei-stungsaktivität	9) Zielorientierung				5,5 / 5,0
	10) Lern- und Innova-tionsklima				5,7 / 5,0
Führungsaktivität	11) Beteiligung Betrof-fener an Entschei-dungsprozessen				5,2 / 4,9
	12) Hilfe und Förderung				5,3 / 4,7
	13) Kunden- und Quali-tätsorientierung				5,3 / 4,2

□ Selbstbild
■ Fremdbild

NEGES' MANAGEMENTTRAINER

5.4.5 Was passiert mit dem Ergebnis?

Die Führungskraft erhält die Auswertung zusammen mit Vorschlägen aus Berater-/Coachsicht zum Überdenken einzelner Punkte zur Veränderung bzw. Verbesserung. Folgende Vorgehensweise zur weiteren Bearbeitung der Ergebnisse empfehlen wir aus unserer praktischen Erfahrung:

- ▸ Persönliches Feedback-Gespräch mit internem Coach oder externem Berater, kann auch im Rahmen eines Führungskräfte-Workshops stattfinden
- ▸ Studium der Ergebnisse
- ▸ Erstellen eines persönlichen Maßnahmenplans zur Verbesserung
- ▸ Kurzes Abstimmungsgespräch mit dem Coach oder Berater
- ▸ Einzelgespräche der Führungskraft mit ihren Mitarbeitern oder Teambesprechung zur Präsentation des Ergebnisses mit Diskussion über mögliche Veränderungen (wichtig ist, dabei zu beachten, wie offen das Team bisher mit Feedback umgegangen ist bzw. ob aktuelle Spannungen im Team einem solchen Prozess eher hinderlich sind)
- ▸ Besprechung der Führungsstil-Analyse und des Ergebnisses der Teambesprechung mit dem Vorgesetzten
- ▸ Umsetzung der Überlegungen

Nach mindestens einem Jahr kann eine neuerliche Analyse mit Vergleich zum Erstergebnis als Evaluierungsmaßnahme durchgeführt werden.

Jede Führungskraft erhält mit der Führungsstil-Analyse ein interessantes Feedback zur persönlichen Standortbestimmung und Weiterentwicklung, kann damit die Wirkung der eigenen Persönlichkeit stärken und Energien noch wirkungsvoller einsetzen und steuern. Aus den Ergebnissen der Führungsstil-Analysen kann in einem Unternehmen, in dem z. B. alle oder mehrere Führungskräfte bewertet wurden, ein anforderungsgerechtes Führungskräfte-Entwicklungsprogramm erarbeitet werden.

5.4.6 Beispiel des Führungsstil-Analyse-Fragebogens für Mitarbeiter

Als Ergänzung soll noch der Mitarbeiter-Fragebogen, der insgesamt 57 Fragen enthält, ansatzweise dargestellt werden:

1 Meine Führungskraft stellt aktiv Vertrauen und Akzeptanz her.

trifft zu
wenig — sehr
| 1 | 2 | 3 | 4 | 5 | 6 | 7 |

2 Sie hört mir zu und lässt mich aussprechen.

wenig — sehr
| 1 | 2 | 3 | 4 | 5 | 6 | 7 |

3 In Gesprächen mit ihren Mitarbeitern schafft meine Führungskraft eine Atmosphäre, in der wir uns gelöst und entspannt fühlen.

wenig — sehr
| 1 | 2 | 3 | 4 | 5 | 6 | 7 |

4 Sie ist für ihre Mitarbeiter da, wenn diese Unterstützung brauchen.

wenig — sehr
| 1 | 2 | 3 | 4 | 5 | 6 | 7 |

5 Ich werde von meiner Führungskraft ausreichend informiert, welche übergeordneten Zielsetzungen bestehen und welchen Beitrag ich zur Zielerreichung leisten kann.

wenig — sehr
| 1 | 2 | 3 | 4 | 5 | 6 | 7 |

6 Meine Führungskraft interessiert sich für die Ergebnisse meiner Arbeit.

wenig — sehr
| 1 | 2 | 3 | 4 | 5 | 6 | 7 |

7 Sie kommuniziert offen und glaubwürdig.

wenig — sehr
| 1 | 2 | 3 | 4 | 5 | 6 | 7 |

8 Meine Führungskraft bleibt auch bei höheren Beanspruchungen sicher, überlegt und belastbar.

wenig — sehr
| 1 | 2 | 3 | 4 | 5 | 6 | 7 |

9 Sie erarbeitet mit uns gemeinsame Spielregeln und hält sich daran.

wenig — sehr
| 1 | 2 | 3 | 4 | 5 | 6 | 7 |

10 Meine Führungskraft fördert ihre Mitarbeiter und kümmert sich um deren Entwicklung.

wenig — sehr
| 1 | 2 | 3 | 4 | 5 | 6 | 7 |

6. FÜHRUNGSVERHALTEN UND KOMPETENZPROFIL

Die bisher gezeigte Führungsstil-Analyse, mit der die Führungskraft Feedback von den Mitarbeitern, Kollegen oder Kunden erhält, ergänzen wir noch durch eine Profilbewertung, anhand derer der Vorgesetzte der Führungskraft deren Führungsqualitäten aus seiner Sicht beurteilt. Auch hier kann ein Eigen-/Fremdbildvergleich interessant sein.

Der Fragebogen dazu sieht folgendermaßen aus:

Bewertung 1 bis 7 (1 = trifft kaum zu, 7 = trifft voll und ganz zu)

Führungsverhalten

1. Ziele, Konzepte, Organisation

Fähigkeit ...	1	2	3	4	5	6	7
▶ Ziele zu formulieren							
▶ zur umfassenden Planung							
▶ Aufgaben und neue Konzepte zu formulieren und umzusetzen							
▶ zur klaren organisatorischen Transparenz							
▶ wesentliche Sachverhalte und Zusammenhänge zu erkennen							
▶ Trends zu erkennen							
▶ sich mit den Unternehmens- und Abteilungszielen zu identifizieren							

2. Handlungs- und Entscheidungsspielraum

Fähigkeit ...	1	2	3	4	5	6	7
▶ Mitarbeiter selbstständig arbeiten zu lassen							
▶ Entscheidungen richtig, rasch und flexibel zu treffen							
▶ zur erfolgreichen Durchsetzung von Entscheidungen							
▶ Informationen exakt weiterzugeben							
▶ Betroffene an Entscheidungen zu beteiligen							
▶ auch unpopuläre Entscheidungen erfolgreich umzusetzen							

3. Mitarbeiter – Unterstützung/Entwicklung

Fähigkeit ...	1	2	3	4	5	6	7
▸ Mitarbeitern zu helfen, erfolgreich zu sein							
▸ für die Einhaltung von vereinbarten Spielregeln zu sorgen							
▸ eigene Arbeiten wirkungsvoll den Mitarbeitern zu delegieren							
▸ zum Mentor (Vorbild)							
▸ Mitarbeiter zu coachen (entwickeln, fördern)							

4. Transparenz und Mitwirkung

Fähigkeit ...	1	2	3	4	5	6	7
▸ den Mitarbeitern Feedback zu geben							
▸ offen über Probleme zu reden							
▸ die Fähigkeiten der Mitarbeiter sichtbar zu machen							
▸ einen Teamgeist zu entwickeln							

5. Leistungsmotivation

Fähigkeit ...	1	2	3	4	5	6	7
▸ Mitarbeiter zu motivieren							
▸ Mitarbeitergespräche zu führen							
▸ Besprechungen zielorientiert durchzuführen							
▸ zur Auswahl und Beurteilung von Mitarbeitern							
▸ Konflikte erfolgreich zu lösen							
▸ auf die Interessen anderer Rücksicht zu nehmen, andere nicht unter zu starken Druck setzen							
▸ Kontrollen und Korrekturen angemessen vorzunehmen							

6. Persönliches Kompetenz-Profil

Bewertung	1	2	3	4	5	6	7
Sachkompetenz							
Produktkenntnisse							
Betriebswirtschaftliche Kenntnisse							
Gesetzeskenntnisse							
EDV-Kenntnisse							
Methodenkompetenz							
Verhandlungsführung							
Besprechungsleitung							
Konzentrationsfähigkeit							
Zeitmanagement							
Selbstorganisation							
Soziale Kompetenz							
Steuerung von Teams							
Effiziente Teamführung							
Integration im Team							
Weiterbewegung von Teams							
Akzeptanz innerhalb Führungsebene							
Persönliche Kompetenz							
Visionär							
Zuverlässigkeit							
Risikobewusstsein							
Lern- und Veränderungsbereitschaft							
Auftreten							
Verantwortungsbewusstsein							
Auf den Punkt kommend							
Einsatzfreude							
Belastbarkeit							
Loyalität							
Verschwiegenheit							
Kostenbewusstsein							

Zusätzliche Fragen zur Entwicklung

Was sind die Stärken und Schwächen?

Stärken	Schwächen

Sonstige Anregungen:

Welche besonderen Wünsche und Anforderungen haben Sie in Zukunft?

Welches Gesamtbild haben Sie von der angeführten Person?

Musterauswertungen von Kompetenz-Profil und Führungsverhalten:

Das Ergebnis dieser Auswertung soll in einem Gespräch der Führungskraft mit ihrem Vorgesetzten diskutiert und in einen Aktionsplan umgesetzt werden.

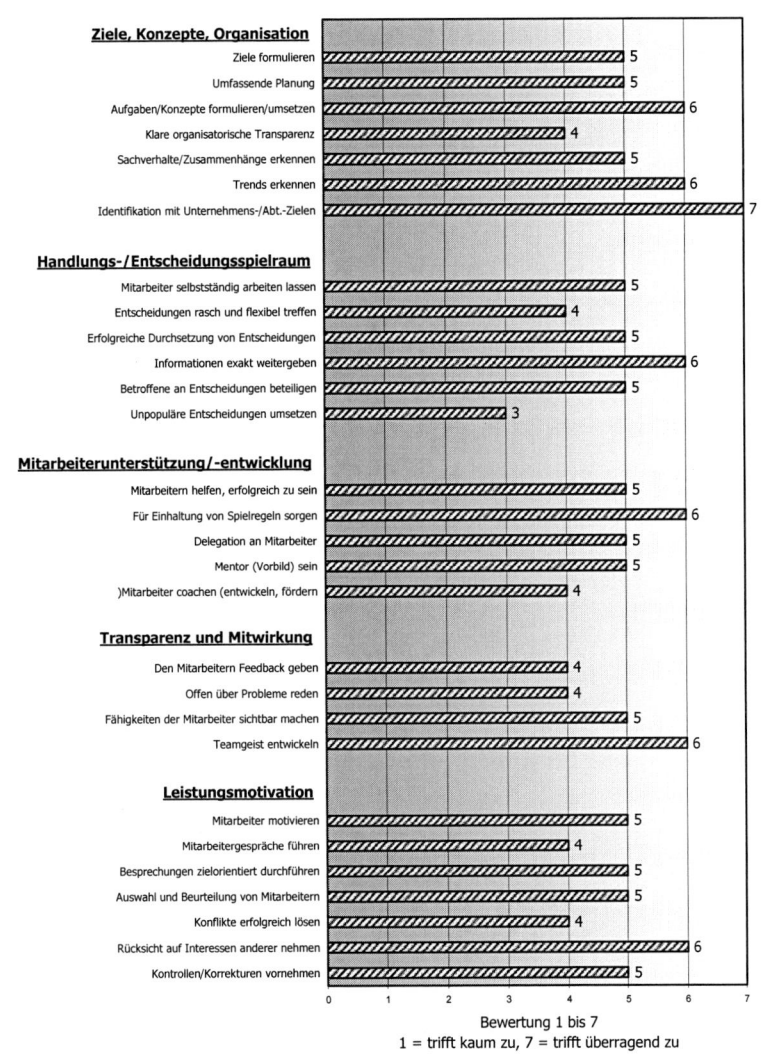

FÜHRUNGSVERHALTEN

Herr MUSTER
Beurteilung durch den Vorgesetzten

Ziele, Konzepte, Organisation

Ziele formulieren	5
Umfassende Planung	5
Aufgaben/Konzepte formulieren/umsetzen	6
Klare organisatorische Transparenz	4
Sachverhalte/Zusammenhänge erkennen	5
Trends erkennen	6
Identifikation mit Unternehmens-/Abt.-Zielen	7

Handlungs-/Entscheidungsspielraum

Mitarbeiter selbstständig arbeiten lassen	5
Entscheidungen rasch und flexibel treffen	4
Erfolgreiche Durchsetzung von Entscheidungen	5
Informationen exakt weitergeben	6
Betroffene an Entscheidungen beteiligen	5
Unpopuläre Entscheidungen umsetzen	3

Mitarbeiterunterstützung/-entwicklung

Mitarbeitern helfen, erfolgreich zu sein	5
Für Einhaltung von Spielregeln sorgen	6
Delegation an Mitarbeiter	5
Mentor (Vorbild) sein	5
)Mitarbeiter coachen (entwickeln, fördern	4

Transparenz und Mitwirkung

Den Mitarbeitern Feedback geben	4
Offen über Probleme reden	4
Fähigkeiten der Mitarbeiter sichtbar machen	5
Teamgeist entwickeln	6

Leistungsmotivation

Mitarbeiter motivieren	5
Mitarbeitergespräche führen	4
Besprechungen zielorientiert durchführen	5
Auswahl und Beurteilung von Mitarbeitern	5
Konflikte erfolgreich lösen	4
Rücksicht auf Interessen anderer nehmen	6
Kontrollen/Korrekturen vornehmen	5

Bewertung 1 bis 7
1 = trifft kaum zu, 7 = trifft überragend zu

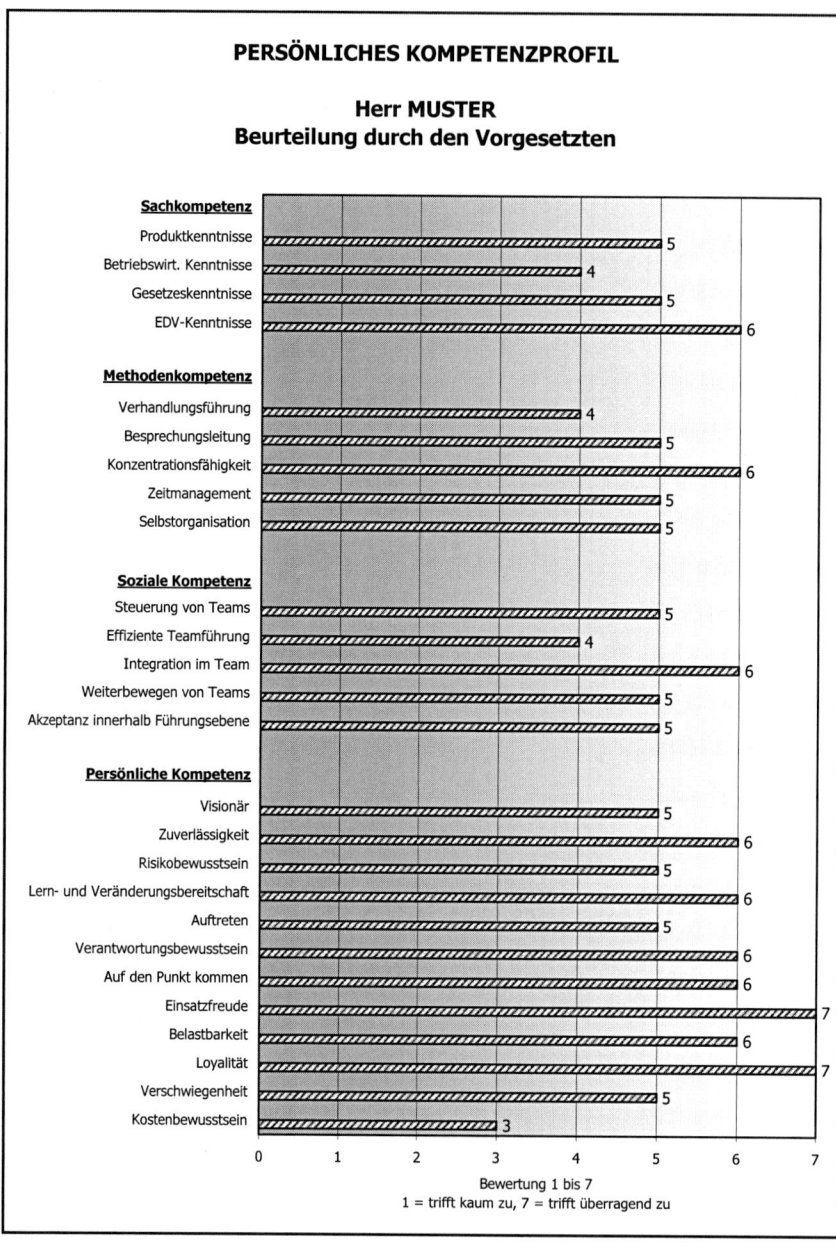

PERSÖNLICHES KOMPETENZPROFIL

Herr MUSTER
Beurteilung durch den Vorgesetzten

Sachkompetenz
- Produktkenntnisse — 5
- Betriebswirt. Kenntnisse — 4
- Gesetzeskenntnisse — 5
- EDV-Kenntnisse — 6

Methodenkompetenz
- Verhandlungsführung — 4
- Besprechungsleitung — 5
- Konzentrationsfähigkeit — 6
- Zeitmanagement — 5
- Selbstorganisation — 5

Soziale Kompetenz
- Steuerung von Teams — 5
- Effiziente Teamführung — 4
- Integration im Team — 6
- Weiterbewegen von Teams — 5
- Akzeptanz innerhalb Führungsebene — 5

Persönliche Kompetenz
- Visionär — 5
- Zuverlässigkeit — 6
- Risikobewusstsein — 5
- Lern- und Veränderungsbereitschaft — 6
- Auftreten — 5
- Verantwortungsbewusstsein — 6
- Auf den Punkt kommen — 6
- Einsatzfreude — 7
- Belastbarkeit — 6
- Loyalität — 7
- Verschwiegenheit — 5
- Kostenbewusstsein — 3

0 1 2 3 4 5 6 7

Bewertung 1 bis 7
1 = trifft kaum zu, 7 = trifft überragend zu

7. FÜHRUNGSGRUNDSÄTZE

7.1 Führungsgrundsätze im Unternehmen

Die Führungskräfte im Unternehmen haben die große Verantwortung, ihre Mitarbeiter zielorientiert zu fördern und zu entwickeln. Die Verantwortung umfasst sowohl die eigene Weiterentwicklung als Führungskraft als auch die Durchführung von gezielten strategierelevanten Kompetenzsteigerungsmaßnahmen bei den Mitarbeitern.

Voraussetzung für eine erfolgreiche Führungsarbeit im Unternehmen ist, dass das Zielsystem gemeinsam entwickelt wird und daraus die operativen Maßnahmen in Form von Zielvereinbarungen abgeleitet werden.

Für die Führungskräfte ist es sehr wichtig, dass sie das Unternehmensleitbild, die Unternehmensstrategie und die Jahresziele genau kennen und über ihre Aktivitäten und Umsetzungsschritte laufendes »Feedback« erhalten.

Eine Grundlage zur internen Verständigung zum Thema »Führung« ist die Entwicklung von gemeinsam erarbeiteten Führungsgrundsätzen.

Mit den Führungsgrundsätzen sollen folgende Ziele erreicht werden:

- ▶ Schaffung eines gemeinsamen Grundverständnisses zum Thema »Führung«
- ▶ Erstellung von Richtlinien der Zusammenarbeit
- ▶ Bewusstwerden von Prozessen gleichlaufender Führungshandlungen
- ▶ Offenere Gesprächsbasis
- ▶ Besseres Verständnis untereinander
- ▶ Offenes Ansprechen von Problemen beim Führen
- ▶ Einheitliche Denkhaltung und Vorgehensweise bei der Motivation, Förderung, Delegation, Beurteilung von Mitarbeitern
- ▶ Offenes Ansprechen des »Umgangs mit Macht«
- ▶ Einheitliches Begriffssystem – man spricht eine Sprache
- ▶ Schaffung von Grundlagen zur Beurteilung von Führungsfähigkeit und Führungsfunktion

7.2 Entwicklung und Einführung

Im Rahmen einer Führungskräfterunde wird das Thema »Führungsgrundsätze« angesprochen. Die ersten Hinweise zur Entwicklung kommen bereits aus der Strategieplanung. Die Führungsgrundsätze werden gemeinsam mit der ersten und zweiten Führungsebene im Unternehmen entwickelt (je nach Größe des Unternehmens kann es auch ein ausgewählter Führungskreis sein).

Wie erfolgt die Entwicklung von Führungsgrundsätzen?

1. Schritt
- ▸ Workshop mit den Führungskräften
- ▸ Erarbeitung der wichtigsten Führungsaufgaben einer Führungskraft
- ▸ Festlegung eines Anforderungsprofils einer Führungskraft
- ▸ Definition der einzelnen Führungsaufgaben nach:
  - – Ziel der Führungsaufgabe
  - – Inhalten
  - – Umsetzungsschritten
  - – Erfolgskontrolle
  - – auftretenden Schwierigkeiten bei der Umsetzung der Führungsaufgabe
- ▸ Bearbeitung der wichtigsten Führungsaufgaben

2. Schritt
- ▸ Anhand der erarbeiteten Führungsaufgaben werden die Führungsgrundsätze für das Unternehmen zusammengefasst
- ▸ Analyse der Führungsschwächen aus heutiger Sicht
- ▸ Erstellung eines Maßnahmenplanes zur Verbesserung der vorhandenen Führungsschwächen

3. Schritt
- ▸ Korrektur des ersten Entwurfes der Grundsätze
- ▸ Gemeinsame Akzeptanz der Grundsätze
- ▸ Festlegung eines Einführungsplanes
- ▸ Vereinbarung von Kontrollmechanismen zur konsequenten Umsetzung der Führungsgrundsätze

Was ist bei der Einführung von Führungsgrundsätzen zu beachten?
- ▸ Führungsgrundsätze allen Mitarbeitern bekannt geben
- ▸ Jede Führungskraft bespricht mit den Mitarbeitern die Führungsgrundsätze
- ▸ Führungsgrundsätze in das Mitarbeiterhandbuch integrieren
- ▸ Bei betrieblichen Veranstaltungen immer wieder auf die Grundsätze hinweisen

7.3 Führungsgrundsätze – Beispiel

Einleitung
Die Führungskräfte streben einen kooperativen Führungsstil an und sind überzeugt, dass dieser den heutigen und zukünftigen Anforderungen an Führung und Zusammenarbeit am besten gerecht wird. Dazu wurden folgende Grundsätze erarbeitet:

Führungsgrundsatz »Ziele vereinbaren«
- ▸ Nur wer das Ziel kennt, kann es auch treffen!
- ▸ Mitarbeiter und Führungskräfte müssen die Ziele ihres Handelns kennen und sich für ihre Verwirklichung einsetzen.

- Die Führungskräfte treffen Vereinbarungen, die den langfristigen Erfolg unseres Unternehmens sicherstellen, wobei die Mitarbeiter mit eingebunden werden.
- Die Ziele müssen verständlich, realistisch, umsetzbar, klar definiert und messbar sein.
- Die Ziele sollen eine Herausforderung darstellen; wenn notwendig, sind Anpassungen vorzunehmen.

Führungsgrundsatz »Entscheidungen«
- Wir wollen klare, verbindliche und zielgerichtete Entscheidungen. Das verlangt Koordination, Disziplin und Zusammenarbeit unter Mitwirkung aller, die sachliche Beiträge leisten können.
- Jeder trifft in dem ihm übertragenen Aufgabenbereich die erforderlichen Entscheidungen in eigener Verantwortung.
- Entscheidungen sollen in angemessener Zeit sowie klar und verbindlich gefällt werden. Sie sollen jederzeit begründet werden können.
- Die Führungskräfte sollten nur in Ausnahmefällen im Verantwortungsbereich ihrer Mitarbeiter entscheiden.
- Entscheidungen sollten möglichst mit den Mitarbeitern abgestimmt werden. Über getroffene Entscheidungen sollten sie aber auf jeden Fall informiert werden.

Führungsgrundsatz »Delegieren«
- Die Führungskräfte sollen die Selbstständigkeit und Entscheidungsfreudigkeit der Mitarbeiter fördern. Hierzu müssen die Verantwortungsbereiche abgegrenzt und die erforderlichen Befugnisse eingeräumt und eingehalten werden.
- Die Aufgaben sind klar und mit Erklärungen unter Berücksichtigung der Zielsetzung und der Situation des Mitarbeiters aufzuteilen.
- Die Mitarbeiter sind durch Mitarbeitergespräche (einzeln und im Team) zu Verständnis, Akzeptanz, Arbeitszufriedenheit und Leistungsbereitschaft zu motivieren.

Führungsgrundsatz »Informieren«
- Führungskräfte müssen Mitarbeitern rechtzeitig und umfassend Informationen geben, die zur Erfüllung der Aufgaben erforderlich sind. So vermindert sich die Gefahr von Fehlentscheidungen.
- Inhalt jeder Information: Zeit, Art und Umfang, Ziel etc.
- Prüfung: ob Inhalt verstanden wurde.
- Informationsziel: richtige Zielgruppe (nicht wahllos), Zeitrahmen, Beachtung der begleitenden Faktoren etc.

Führungsgrundsatz »Fördern«
- Mitarbeiter sollen in ihrer fachlichen Entwicklung und Weiterbildung gefördert werden, damit sie ihre Aufgaben noch besser erfüllen oder andere, schwierigere Tätigkeiten übernehmen können. Dies stärkt die Leistungsbereitschaft jedes Einzelnen und auch den Unternehmenserfolg.
- Durch Mitarbeiterentwicklung und Schulungen sollen die Bindung an das Unternehmen erhöht und zukünftige Führungskräfte herangebildet werden.

Führungsgrundsatz »Kontrollieren«
- Wir wollen selbstständig handelnde und agierende Mitarbeiter, die sich nicht scheuen, auch Verantwortung zu übernehmen.

- Zur Ergebnisbewertung ist Kontrolle notwendig. Sie ist Information und Hilfe zugleich.
- Richtige Kontrollen verhindern Fehlentwicklungen, führen zu effizienter Arbeit und garantieren die Termineinhaltung.

Führungsgrundsatz »Beurteilen«
- Die Ergebnisse der Beurteilung schlagen sich in Anerkennung und Kritik nieder.
- Die Beurteilung der Leistung und des Verhaltens soll ausgewogen sein.
- Sie soll besonders die Stärken hervorheben und Hinweise geben, wie mögliche Schwächen abgebaut werden können.
- Lob und Anerkennung erfolgen zeitgerecht, ohne Abschwächung (»aber«), drücken die echte persönliche Wertschätzung aus und haben somit unter anderem auch den Ansporn zu Mehrleistungen zum Ziel.
- Kritik muss berechtigt sein, darf nicht beleidigen oder verletzten, soll sachlich richtig sein und nicht vor anderen Personen erfolgen. Kritik wird erläutert, ruhig ausgesprochen, motivierend und nicht frustrierend, am richtigen Ort und zum richtigen Zeitpunkt vorgebracht.
- Aufrichtige und konstruktiv-kritisch denkende Mitarbeiter verdienen Anerkennung.

Führungsgrundsatz »Vorbild sein«
- Vorbild sein als Führungskraft heißt: Ruhe ausstrahlen, korrektes und sicheres Auftreten, Vertrauensbasis schaffen, freundlich und offen bei Problemstellungen sein, Meinungen anderer akzeptieren, Diskussionsbereitschaft, Eingeständnis eigener Fehler, Hilfestellung geben.
- Jede Führungskraft wird das eigene Führungsverhalten kritisch überprüfen und sich der Beurteilung der Mitarbeiter stellen.

(Führungsgrundsätze mit freundlicher Genehmigung der A. Sochor & Co Ges.mbH)

8. PERSÖNLICHKEITSENTWICKLUNG ALS MANAGER – FÜHRUNGSBAUSTEINE IM ÜBERBLICK

Erfolgreich als Führungskraft wird man, wenn der eigene Aufgabenbereich ziel- und ergebnisorientiert geführt wird, das Auftreten sicher ist und die Ausstrahlung andere Menschen positiv beeinflusst.

Besonders wichtig ist dabei, die gestellten Anforderungen zu meistern und darüber hinaus Interesse für unternehmensweite Themen zu entwickeln. Werden noch mit dem nötigen Engagement gute Ideen umgesetzt und wird aktiver Kontakt zu den Vorgesetzten, Kollegen, Mitarbeitern und Kunden gepflegt, so sind wichtige Kriterien der Weiterentwicklung als Manager gegeben. Zur Übernahme von Verantwortung und zum Tragen von Konsequenzen bei der Lösung von auftretenden Konflikten und Problemen ist ein gesundes Selbstbewusstsein nötig. Dieses Selbstbewusstsein setzt ständiges Arbeiten an sich voraus. Jeder Tag ist anders, alles ist änderbar und befindet sich in einem laufenden Entwicklungsprozess.

Motto: Erfolg = Energie = Grundlage für neuen Erfolg!

Die wichtigsten Führungsbausteine zur Persönlichkeitsentwicklung als Manager sind:

1. Energiearbeit zum Ausbau der eigenen Potenziale
2. Persönliches Marketing
3. Erfolgreiche Kommunikation und Verhandlungsführung
4. Sicheres Auftreten und Präsentieren
5. Sich erfolgreich durchsetzen
6. Probleme lösen
7. Mit der Zeit richtig umgehen
8. Mit Kreativität persönliche Ziele wirkungsvoller realisieren
9. Authentisch sein und Vertrauen schaffen
10. Entwicklungsverantwortung übernehmen
11. Sich auf Dauer selbst motivieren

Es macht Spaß, aktiv zu sein. Der Erfolg macht Spitzenleistungen erst so richtig möglich. Allerdings hat jeder auch seine Tiefen zu überwinden. Je mehr der Manager über sich selbst Bescheid weiß, desto mehr wird er andere Menschen akzeptieren. Die folgenden einzelnen Bausteine beinhalten praktische Anregungen zur individuellen Reflexion.

8.1 Energiearbeit zum Ausbau der eigenen Potenziale

Über emotionale Intelligenz wird sehr viel geschrieben. Was steckt eigentlich dahinter? Schon immer war es wichtig, Gefühle zu zeigen und damit auch umgehen zu lernen. Die Erziehung zu Ordnung, Pflichtbewusstsein und Arbeitstreue hat viel dazu beigetragen, dass ein Großteil der Mitarbeiter und Führungskräfte »brav« seine Arbeit verrichtet und die eigenen Potenziale kaum ausleben kann bzw. sie gar nicht kennt.

Was bedeutet Energiearbeit?

Jeder Mensch hat ein Energiefeld, das auf seine Umgebung ausstrahlt. Diese Ausstrahlung wird auch Aura genannt. In dieser Ausstrahlung sind alle Informationen über den Menschen enthalten. Diese Informationen gliedern sich in Lebensprogramme, Potenziale, Wünsche, Ängste und Abhängigkeiten. Je klarer jeder Mensch seine Energiemuster erkennt und sie akzeptiert, desto sicherer ist seine Wirkung auf andere.

Energiearbeit bedeutet, sich bewusst zu werden, welche Energieströme welche Wirkungen erzeugen und welche Lebensaufgaben und -programme aufzuarbeiten sind. Voraussetzung für gute Energiearbeit ist der Aufbau einer hohen inneren Konzentrationsfähigkeit. Diese kann durch autogenes Training, meditative Übungen, Visualisierungstechniken, Sport und auch durch Gespräche mit vertrauten Menschen erreicht werden. Konzentration ist die Fähigkeit, mit sich selbst in Dialog zu treten, die innere Mitte zu finden und seine inneren Bilder aus dem Unterbewusstsein in den bewussten Zustand zu bringen.

Die Energiezentren

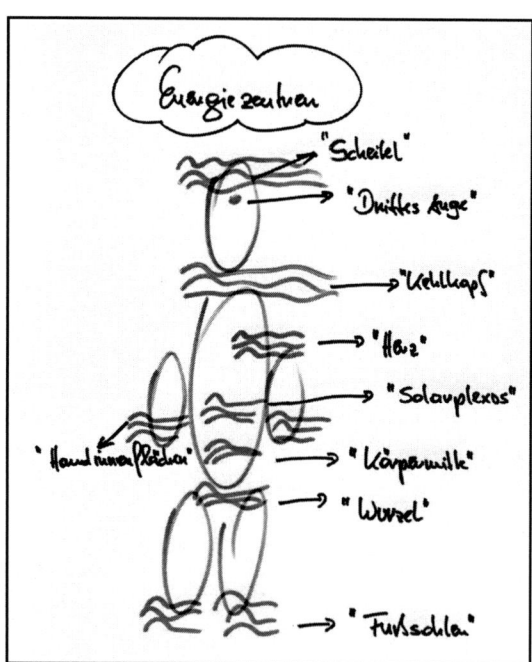

Die Ausstrahlung des Menschen erfolgt im Wesentlichen über die einzelnen Energiezentren. Diese Zentren werden auch »Chakren« genannt. Die tägliche Kontrolle – wie offen sind die einzelnen Energiezentren? – ist eine wichtige Konzentrationsübung.

Die einzelnen Zentren werden in unterschiedlichen Farben dargestellt. Wobei die wichtigsten verwendeten Farben folgende sind:

- ▸▸ Grün: Harmonie, Ausgleich, Offenheit
- ▸▸ Rot: Feuer, Kraft, Energie
- ▸▸ Schwarz: Ausgebrannt sein, Verschlossenheit, Ängste, Rückzug
- ▸▸ Blau: Klarheit, reale Sicht

Wofür stehen die einzelnen Energiezentren?

- ▸▸ Scheitel: Klarheit des Gedankens
- ▸▸ Drittes Auge: Klarheit des Sehens, der Wahrnehmung
- ▸▸ Kehlkopf: Klarheit des Sprechens
- ▸▸ Herz: Klarheit des Gefühls
- ▸▸ Solarplexus: Lebensenergie
- ▸▸ Körpermitte: Inneres Gleichgewicht, Harmonie mit sich selbst
- ▸▸ Wurzel: Harmonie im sexuellen Bereich
- ▸▸ Die Energiezentren in den Handinnenflächen stehen für das Ausleben von Kreativität, die Zentren in den Fußsohlen für die Standfestigkeit im Leben.

Wir in der westlichen Welt bekommen das Wissen über unseren Energiehaushalt und seine Auswirkungen kaum vermittelt. So ist es oft nicht überraschend, dass Menschen sich selbst nicht spüren und die eigene Ausstrahlung selten bewusst wahrnehmen.

Wie können die einzelnen Zentren gefühlt werden?

Setzen Sie sich in entspannter Atmosphäre hin und hören Sie beruhigende Musik. Schließen Sie dabei die Augen und konzentrieren Sie sich auf die beiden Handinnenflächen. Die Hände berühren sich dabei nicht. Der Abstand beträgt von der einen Innenfläche zur anderen zwei Zentimeter. Versuchen Sie nur, die Wärme der anderen Hand wahrzunehmen. Üben Sie so lange, bis Sie die Energie als Wärme oder als ein Kribbeln wahrnehmen. Sollten Sie nichts fühlen, dann kann es sein, dass die Zentren blockiert sind. Sie können unterstützend in Ihrer Vorstellung auch visualisieren, dass sich z. B. Blüten in Ihren Handflächen öffnen.

So fühlen Sie jeden Tag ein anderes Energiezentrum. Sollten einzelne Energiezentren verschlossen sein, so bleiben Sie solange dort, bis Energie spürbar wird. Bei fortgeschrittener Übung bekommen Sie zu den einzelnen Zentren auch innere Bilder vermittelt, die sehr informativ sein können.

Umsetzung der Energiearbeit in der Praxis

Im Rahmen unserer Beratungs- und Coachingtätigkeit arbeiten wir sehr intensiv mit der Energie der Menschen. Wer es wünscht, dem erstellen wir zuerst ein farbiges Gesamtbild seiner Energien und Energieströmungen, in dem auch die notwendigen Informationen über innere Konflikte, Blockaden, Abhängigkeiten und Ängste festgehalten werden. Dieses Bild kann mit einem Röntgenbild über sich selbst verglichen werden. Die Informationen werden im Energiebild zusammengefasst und mit der betroffenen Person besprochen.

Zur Ausarbeitung eines Energiebildes ist ein persönliches Gespräch von der Dauer einer Stunde notwendig. Das Bild wird in den ersten Minuten des Kennenlernens erstellt und mit Farbe zu Papier gebracht. Nach ca. zehn Minuten wird das erhaltene Bild präsentiert und mit dem Kunden besprochen.

Mit diesen Informationen aus dem Erstgespräch erhält der Kunde bereits wichtige Hinweise zur persönlichen Wirkung, zu offenen und blockierten Energiezentren, zu ungeklärten Fragen, zu inneren Ängsten und Abhängigkeiten und zur Wirkung auf sein berufliches und privates Umfeld. Daraus werden bereits ein erster Schwerpunkt für seine Persönlichkeitsarbeit abgeleitet und konkrete Fragen zur weiteren Bewusstmachung und Bearbeitung zusammengestellt.

Praktische Beispiele von Energiebildern einzelner Manager

Bild eines erfolgreichen Managers

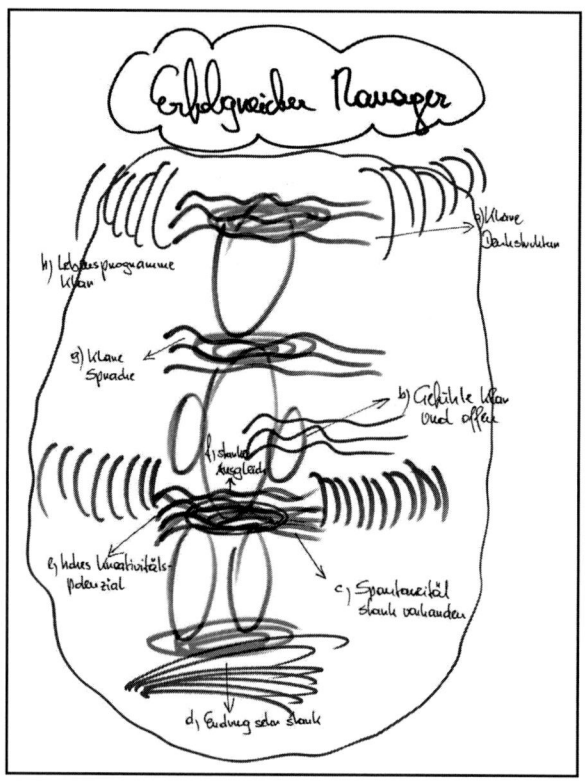

Dieser Manager zeichnet sich durch einen hohen grünen Energieanteil aus (Harmonie, Ausgeglichenheit, hohes Körperbewusstsein). Die weiteren Stärken sind:

a) Klare Denkstrukturen – sieht, was ist, denkt darüber nach und setzt es nach innerer Prüfung um
b) Gefühle klar und offen – geht offen auf jeden zu, klassifiziert Menschen nicht, hat auch keinerlei Ängste vor bestimmten Menschentypen – hört gut zu!
c) Spontaneität stark vorhanden – reagiert äußerst spontan durch starke innere Verbindung – spricht sehr stark mit sich selbst, kontrolliert sich selbst gut
d) Erdung sehr stark – hat starken Bezug zum Leben und zur Erde
e) Hohes Kreativpotenzial vorhanden – ist ständig in Bewegung, ohne Nervosität zu initiieren (durch Harmonieanteil)

f) Starker Ausgleich – guter innerer Kontakt zum Körper, läuft regelmäßig, führt täglich Mental-training durch

g) Klare Sprache – keinerlei Blockaden im Kehlkopf bedeuten, dass die Spontaneität sich frei entwickeln kann

h) Lebensprogramme klar – hat keinerlei Abhängigkeiten von erzieherischen Einflüssen – Eltern sind aufgearbeitet, mit dem Tod war er bereits konfrontiert und hat ihn gut verarbeitet

i) Offener Selbstschutz – kann sich extrem gut abgrenzen, hilft dadurch auch wirklich, bringt jedes Gespräch auf den Punkt, sieht den anderen Menschen als Spiegel für eigenes Verhalten

Bild eines Managers mit Blockaden

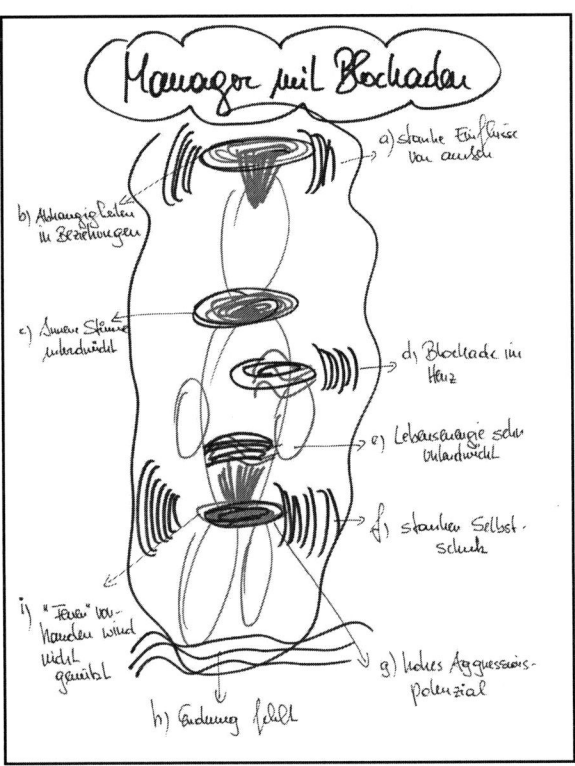

Dieser Manager zeichnet sich durch eine enorme Power aus, die allerdings extrem unterdrückt wird. Diese Unterdrückung ist auf eine starke Mutter zurückzuführen. Der Manager musste in einem stark kontrollierten Umfeld aufwachsen und konnte kaum eigene Entscheidungen für sich selbst treffen – es ist ihm alles abgenommen worden. Durch diese Blockaden drückt er seine durchaus positive Energie in Aggressionen aus. Wie sind die einzelnen Einflüsse zu betrachten?

a) Starke Einflüsse von außen – Familienbetrieb, Mutter führt das Unternehmen, er kann selbst-ständig kaum Entscheidungen treffen

b) Abhängigkeiten in Beziehungen – alles funktioniert nach vorgegebenen Mustern, kann im Umgang mit Menschen nicht »Nein«-sagen und hat eine anerzogene Scheu vor Konflikten

c) Innere Stimme wird total unterdrückt – große Blockade, etwas gefühlsmäßig auszudrücken, wirkt nach außen aber sehr ruhig und freundlich (Maske wird perfekt aufgesetzt)
d) Blockaden im Herz – das Leben und Fühlen wird zum Albtraum, große Probleme, eigene und realistische Ziele zu setzen
e) Lebensenergie sehr unterdrückt – lebt und handelt im Auftrag anderer, erkennt eigene Bedürfnisse nicht mehr, wird nicht gehört
f) Starker Selbstschutz – durch ständigen Einfluss der Mutter hat der Manager einen gezielten Schutz nach außen aufgebaut – geführt wird durch autoritäre Anweisungen bzw. schriftliche Kommunikation
g) Hohes Aggressionspotenzial – vorhandene Energie wird unterdrückt
h) Erdung fehlt – der Bezug zur Realität ist durch Flucht (Träume, Fantasien) abgelöst worden
i) »Feuer« vorhanden, wird aber wenig genützt – Kreativität war nie gefordert

Die wichtigsten Maßnahmen für diesen Manager:

▸ Bewusstmachen der Situation
▸ Lernen, auf sich selbst zu hören
▸ Eigene Vorstellungen realisieren lernen (am Beginn mit Kleinigkeiten anfangen)

Aus den zahlreichen Gesprächen und bereits erstellten Energiebildern von Führungskräften wissen wir, dass ein Energiebild auch eine Führungsstil-Analyse sehr gut ergänzt und unterstützt. Ein persönliches Energiebild und die daraus abgeleiteten Entwicklungsmaßnahmen sind aber für jeden Menschen interessant; dabei ist es egal, ob jemand bereits sehr erfolgreich ist oder nicht. Wichtig ist, welchen Preis man für seine Erfolge und erreichten Positionen zahlen muss. Oft ist eine andere Denkweise oder das Treffen einer einzigen Entscheidung ausschlaggebend für mehr Zufriedenheit. Aus den Energiebildern ist sehr deutlich erkennbar, ob jemand in seinem Arbeitsbereich emotional unterfordert oder überfordert ist. Jeder Mensch hat eine bestimmte Lebens-/Lernaufgabe mitbekommen. Diese gilt es zu lösen. Jeder hat auch genau die Menschen um sich versammelt, die er braucht, um dieser Lebensaufgabe näher zu kommen. Anders gesagt: »Wenn dich bei einem anderen etwas ärgert oder du etwas an ihm ändern möchtest – dann ändere es erst bei dir selbst.«

Bild einer Führungsmannschaft

Interessant ist, wenn ganze Führungsteams sich offen diesem Prozess stellen. Dabei werden im Rahmen einer Besprechung alle Führungskräfte auf ein Plakat gezeichnet und ihre bekannten oder unbekannten Beziehungen zueinander intensiv besprochen. Dadurch können Zusammenhänge besser erkannt, Konflikte und Spannungen durchschaut und bearbeitet werden. Das hilft, im Team wieder neue Energien freizusetzen.

Das Beispiel eines Energiebildes eines Handelsunternehmens mit sechs Führungskräften ist nachfolgend abgebildet.

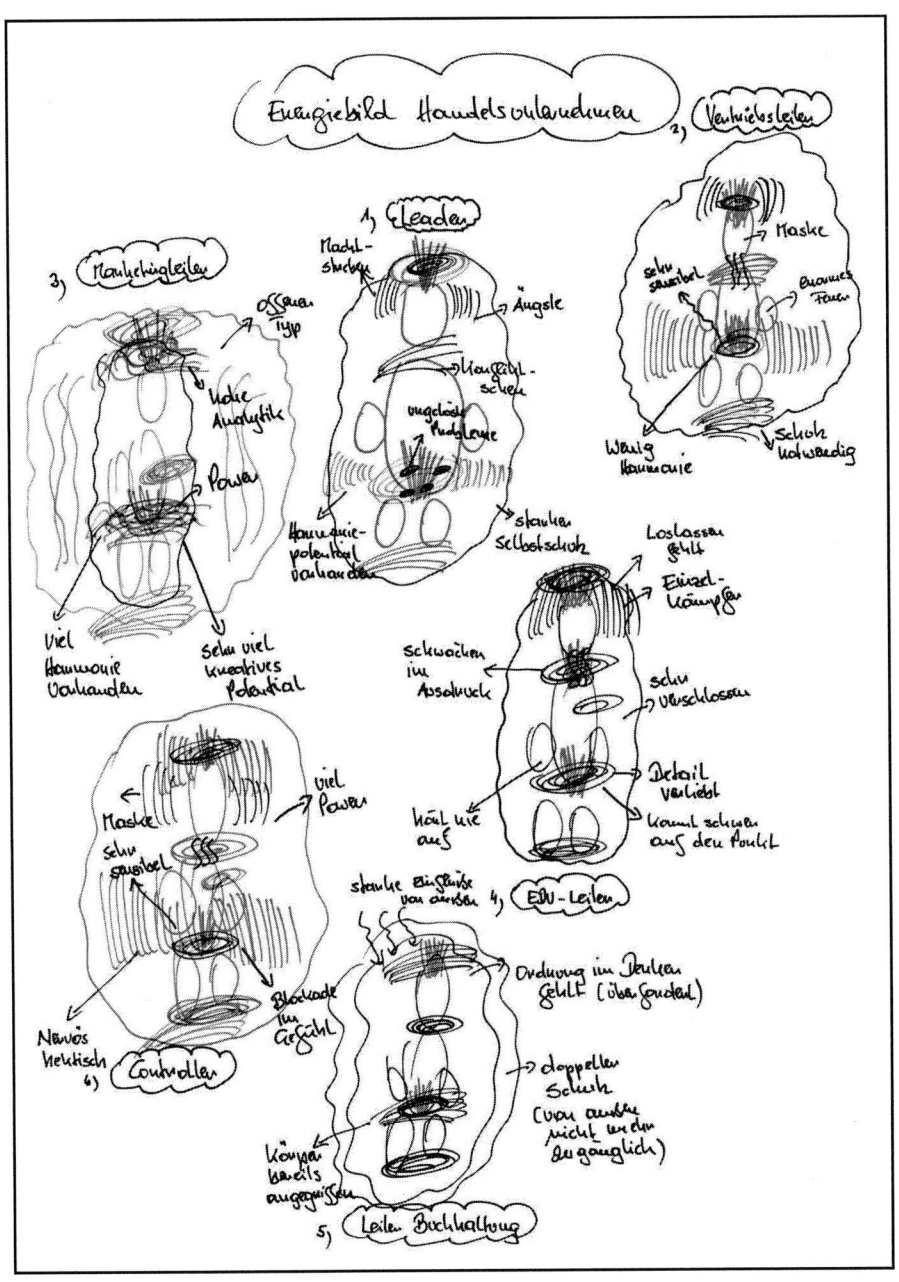

Kurze Beschreibung der Führungsmannschaft:

Das Energiebild besteht aus dem Geschäftsführer (Leader) und den Leitern Vertrieb, Marketing, EDV, Buchhaltung und Controlling.

Wie sind die einzelnen Personen zu sehen?

1. Geschäftsführer: viel Energie; starker Selbstschutz; regiert durch Anordnung; wenn gut aufgelegt – dann ist Selbstständigkeit möglich; Konfliktscheu; innere Ängste des Versagens; strebt nach Macht – zeigt das auch mit Prestigeverhalten; ständig unruhig, d. h., an der Organisation wird ständig gedreht; hört zu viel auf außenstehende Autoritäten; Erfolg durch Kontinuität und Platzhirsch-Mentalität
2. Vertriebsleiter: viel Power; sehr sensibel – dadurch ausgezeichneter Umgang mit Kunden; dient dem Kunden, teilt aber nach innen aus; große Unsicherheiten – da keine inneren Grenzen; starke Maske – öffnet sich sehr selten; immer unzufrieden, kann Erfolge nicht wirklich feiern; wirkt durch starke Person (100 Kilo) – Zeichen für Unterdrückung – wenig Bezug zur Gegenwart
3. Marketingleiter: enormes Harmoniebedürfnis; sehr kreativ; gute analytische Fähigkeiten; sehr offen, geht auf alle zu; bringt Ziele und Vorhaben gut weiter; grenzt sich zu wenig ab – hilft jedem, egal wie stark er bereits eingesetzt ist; sehr ausgleichend und dadurch beliebt, aber zu wenig Durchsetzungskraft
4. EDV-Leiter: Fachmann; arbeitet rund um die Uhr; sehr verschlossen – kann nur fachlich über sich sprechen, nicht über seine Gefühle, Motto: Gefühle haben am Arbeitsplatz nichts verloren; Einzelkämpfer und dadurch immer wieder ungeklärte Konflikte im EDV-Team; detailverliebt, geht nur auf die Maschinen und nicht auf die Menschen ein; zu langatmig; hat sich im Leben verlaufen – erreicht Vorbild Vater nie – Vater als EDV-Spezialist mit eigenem Unternehmen in Konkurs gegangen und danach gestorben
5. Leiter Buchhaltung: körperlich angeschlagen, 55 Jahre, Magenkrebs – doppelter Selbstschutz, laufend in Behandlung; ist starken Einflüssen ausgesetzt, hat nie gelernt, sich abzugrenzen – denkt chaotisch und bringt wenig auf den Punkt; ist zu genau, hält alle Termine exakt ein, ist aber extrem unbeweglich, jegliche Kreativität ist unterdrückt
6. Controller: viel Power, sehr dynamisch, bringt immer wieder neue Denkansätze ein; wirkt hektisch, eigene Gedanken bringen ihn in Zugzwang; gefühlsmäßig ist starke Maske vorhanden; sehr hohe Sensibilität – dadurch Schwierigkeiten, unpopuläre Maßnahmen selbst durchzusetzen; braver Worker, erfüllt perfekt alle Aufträge; ist bei den Mitarbeitern zu wenig präsent

Welche Aufgaben kann die Führungsmannschaft anhand dieses Bildes für die Zukunft ableiten?
- ‣ Schaffung von selbstständigen Handlungs- und Entscheidungsbereichen
- ‣ Mehr kreatives Risiko eingehen und umsetzen
- ‣ Positive Energie besser einsetzen – mehr Spontaneität zeigen
- ‣ Interne Schriftlichkeit (Absicherungstendenzen) sofort und komplett einstellen
- ‣ Einzelgespräche mit externem Berater über individuelle Entwicklung und Aufarbeitung
- ‣ Zweier-Feedback-Gespräche zum persönlichen gemeinsamen Coaching (Geschäftsführer mit Leiter Buchhaltung – Thema Zukunft; Vertriebs- und Marketingleiter – Themen Konflikte lösen/Kreativität mehr umsetzen/Auftreten; EDV-Leiter und Controller – Thema Gefühle zeigen)

Ein derartiger Prozess wird in Supervision durch den externen Berater begleitet.

8.2 Persönliches Marketing

Für jeden Manager ist es wichtig, nicht nur die Ziele des Unternehmens, sondern auch eigene Ziele zu erreichen, indem er sich selbst gut verkauft.

Jeder Manager hat daher in irgendeiner Form eine persönliche Marketingstrategie. Zur Marketingstrategie zählen insbesondere:

8.2.1 Die Marke ICH

Je besser eine Führungskraft sich selbst kennt und mit sich selbst identifiziert, desto besser ist ihre Wirkung auf andere. Eine wesentliche Grundlage zur Ausbildung der eigenen Persönlichkeit als »Marke« ist Authentizität. So wie Sie sind, zeigen Sie sich. Ihre persönliche Wirkung, Ihre Glaubwürdigkeit und Ihre Vertrauenswürdigkeit sind Säulen Ihrer Marke. Je authentischer Sie sind, desto unverwechselbarer sind Sie.

Zur Standortbestimmung und Weiterentwicklung zur Marke ICH sind folgende Themen zu bearbeiten:

- ▸ Marken-Identität (Wer bin ich?)
- ▸ Marken-Leistung (Was biete ich?)
- ▸ Marken-Tonalität (Wie bin ich?)
- ▸ Marken-Bild (Wie trete ich auf?)
- ▸ Marken-Zukunft (Wie soll mein Image in Zukunft sein?)

Zur Standortbestimmung ist die Einholung von Feedbacks anderer Personen sinnvoll (Eltern, Partner, Vorgesetzte, Kollegen, Freunde usw.). Erarbeiten Sie, von der Standortbestimmung ausgehend, Ziele für die Zukunft, um einem realen Markenbild Ihrer Persönlichkeit nahe zu kommen. Leiten Sie daraus Veränderungs- und Entwicklungsmaßnahmen ab, damit Sie Ihre Marke ICH gezielt aufbauen können.

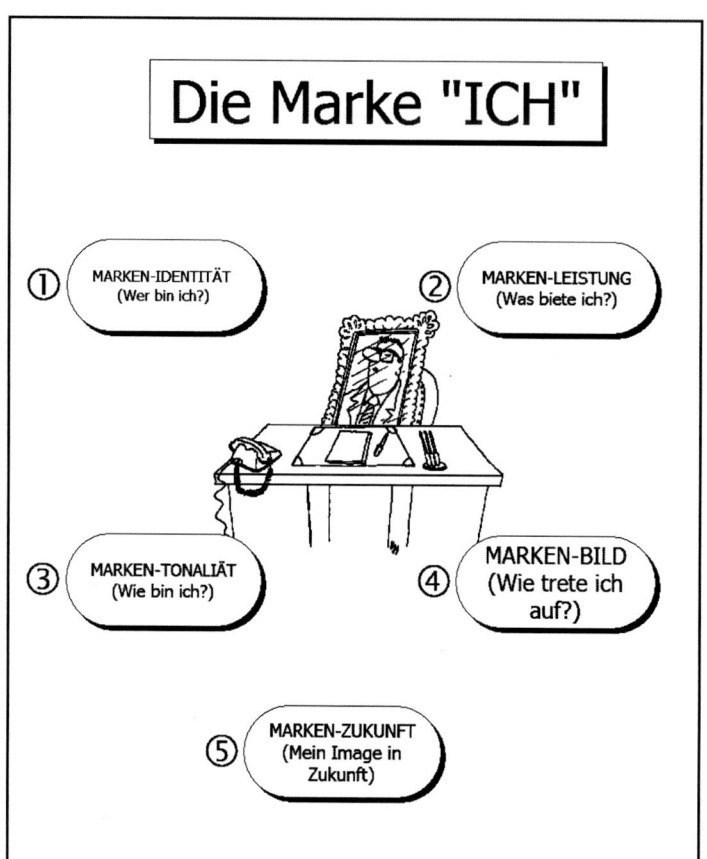

8.2.2 Die »KKKK-Formel« zur persönlichen Entwicklung

Die persönliche Entwicklung findet laufend und oft auch unbewusst statt: durch Menschen, Aufgaben, Ereignisse und Herausforderungen, die einem täglich begegnen und die man bewältigen muss. Sehr rasch merkt man dabei die eigenen Stärken und Schwächen. Oft versucht man dann, Situationen, denen man sich nicht so gewachsen fühlt, zu vermeiden. Als Führungskraft sollte man sich seine Schwächen aber bewusst machen und sie gezielt bearbeiten, um so den täglichen Herausforderungen erfolgreich begegnen zu können.

Hinterfragen und analysieren Sie daher die vier Ks, die Sie täglich brauchen: Kontakte – Kommunikation – Kompetenz – Konsequenz.

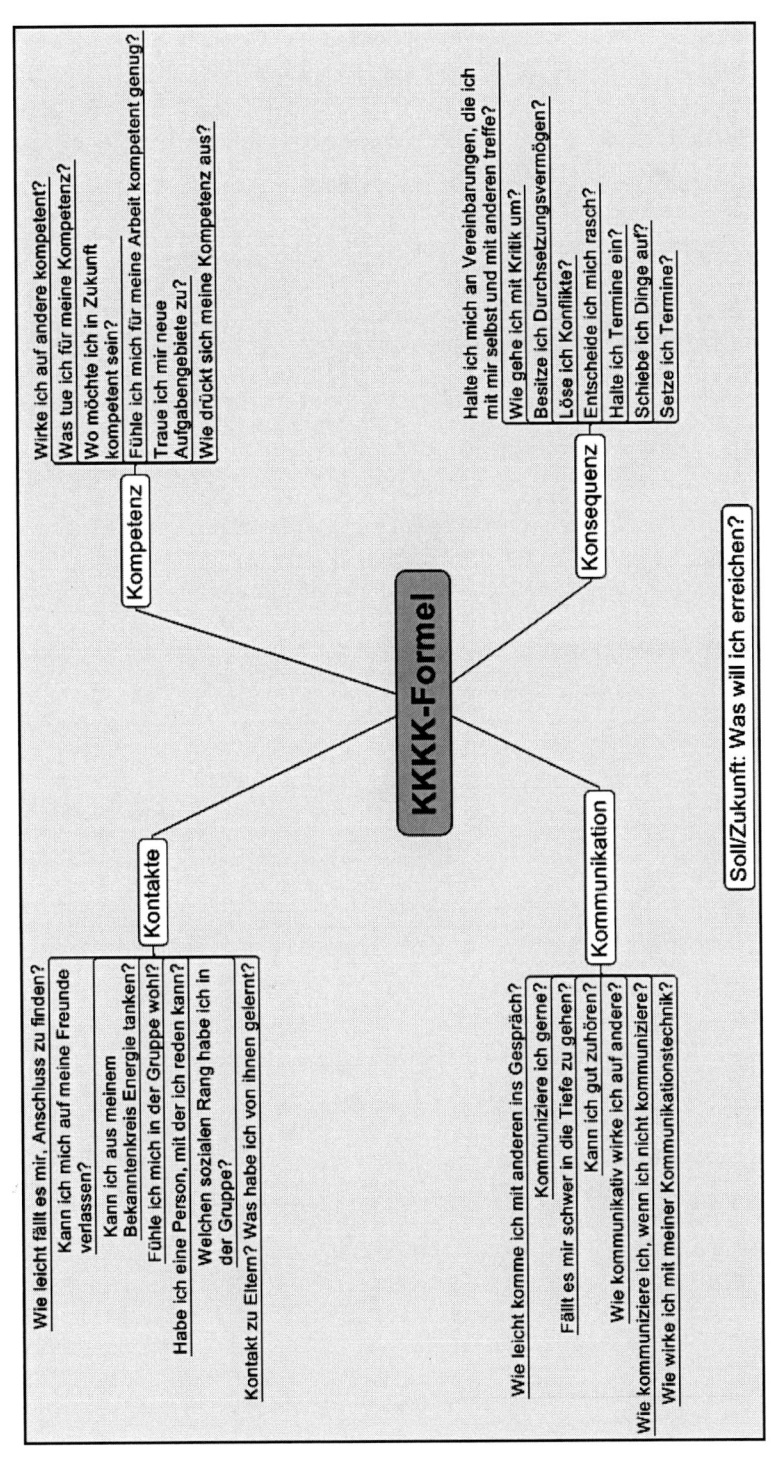

KKKK-Formel

Kompetenz
- Wirke ich auf andere kompetent?
- Was tue ich für meine Kompetenz?
- Wo möchte ich in Zukunft kompetent sein?
- Fühle ich mich für meine Arbeit kompetent genug?
- Traue ich mir neue Aufgabengebiete zu?
- Wie drückt sich meine Kompetenz aus?

Kontakte
- Wie leicht fällt es mir, Anschluss zu finden?
- Kann ich mich auf meine Freunde verlassen?
- Kann ich aus meinem Bekanntenkreis Energie tanken?
- Fühle ich mich in der Gruppe wohl?
- Habe ich eine Person, mit der ich reden kann?
- Welchen sozialen Rang habe ich in der Gruppe?
- Kontakt zu Eltern? Was habe ich von ihnen gelernt?

Konsequenz
- Halte ich mich an Vereinbarungen, die ich mit mir selbst und mit anderen treffe?
- Wie gehe ich mit Kritik um?
- Besitze ich Durchsetzungsvermögen?
- Löse ich Konflikte?
- Entscheide ich mich rasch?
- Halte ich Termine ein?
- Schiebe ich Dinge auf?
- Setze ich Termine?

Kommunikation
- Wie leicht komme ich mit anderen ins Gespräch?
- Kommuniziere ich gerne?
- Fällt es mir schwer in die Tiefe zu gehen?
- Kann ich gut zuhören?
- Wie kommunikativ wirke ich auf andere?
- Wie kommuniziere ich, wenn ich nicht kommuniziere?
- Wie wirke ich mit meiner Kommunikationstechnik?

Soll/Zukunft: Was will ich erreichen?

8.2.3 Vorbild sein – persönliches Charisma

Da der Mensch sehr zur Nachahmung von Auftreten und Verhaltensweisen anderer neigt, ist eine positive Vorbildwirkung der Vorgesetzten für das Verhalten der Mitarbeiter von großer Bedeutung. Die wichtigsten Strategien des »Vorbild-Seins« können folgendermaßen zusammengefasst werden:

- ▸ Korrektes, seriöses und glaubwürdiges Auftreten
- ▸ Positive Denkhaltung leben
- ▸ Herausforderungen annehmen und etwas tun
- ▸ Keine Gerüchte schüren
- ▸ Freundlichkeit, positive Ausstrahlung zeigen
- ▸ Arbeitseinsatz und Ergebnisorientierung vorleben
- ▸ Vorbild in jeder Hinsicht sein (menschlich, Charakter)

An der Ausstrahlung arbeiten

Charisma besteht in der Ausstrahlung eines Menschen. Einige Menschen machen durch ihre Eigenschaften von Natur aus, aufgrund ihrer Entwicklung in einem die Persönlichkeit fördernden Umfeld oder mit Hilfe stetiger Arbeit an sich selbst mehr Eindruck als andere. Nicht alles lässt sich kopieren, aber einige Strategien kann man sich von begeisternden Menschen abschauen:

Umgang mit anderen
- ▸ Stärken im Ungang mit anderen erkennen und weiterentwickeln
- ▸ Humor zeigen
- ▸ Zuhören können
- ▸ Beobachten

Auf andere eingehen können
- ▸ Interesse für andere zeigen
- ▸ Sich Hobbys, Eigenheiten, Vorlieben anderer merken
- ▸ Feedback geben (vorzugsweise positives)
- ▸ Andere ernst nehmen
- ▸ Sich nicht selbst in den Mittelpunkt stellen

Begeisterungsfähigkeit und Emotionalität
- ▸ Gefühle zeigen, wenn Ihnen etwas wichtig ist
- ▸ Auch einmal intensiv agieren
- ▸ Sich für andere greifbar machen

Positive Ausstrahlung
- ▸ Sich selbst mögen
- ▸ Sich an Erfolge und Stärken erinnern
- ▸ Positiv auf andere zugehen
- ▸ Eine natürliche Gestik und Mimik zeigen
- ▸ Authentisch sein

Initiativen ergreifen
- ▸ Risikofreudig sein
- ▸ Machen und nicht abwarten

FÜHRUNG UND PERSÖNLICHKEIT

- ▸ Nicht taktieren, sondern ehrlich und direkt sein
- ▸ Unkonventionelle Handlungen zur Krisenbewältigung setzen

Charakter haben
- ▸ Selbstbewusstsein entwickeln
- ▸ Eigene Meinungen und Überzeugungen vertreten
- ▸ Eine durchgehende Linie zeigen
- ▸ Kreativität ausleben
- ▸ Ehrgeiz entwickeln
- ▸ Optimismus ausstrahlen

8.2.4 Umgangsformen

Gute und richtige Umgangsformen sind gefragter denn je, sie werden sowohl bei der Auswahl von Führungskräften als auch bei Entwicklungspotenzialentscheidungen herangezogen.

Jede noch so bestechende fachliche Kompetenz verliert an Überzeugung, wenn sie nicht von der notwendigen Souveränität im Auftreten getragen wird.

Distanzzonen beachten

Jeder Mensch hat seinen individuellen Raum um sich, den er gewahrt haben will, um sich wohlzufühlen und frei agieren zu können (dieser Raum entspricht auch dem persönlichen Energiefeld). Es ist daher im Gespräch mit Vorgesetzten, Mitarbeitern, Geschäftspartnern, Kunden usw. wichtig, die richtige Distanzzone einzuhalten.

Vier Zonen werden unterschieden:	Introvertierte Menschen	Extrovertierte Menschen
Intimdistanz	0,4 bis 1,5 m	0 bis 0,4 m
Persönliche Distanz	1,5 bis 2 m	0,4 bis 1,5 m
Gesellschaftlich-wirtschaftliche Distanz	2 bis 4 m	1,5 bis 3 m
Ansprachedistanz	ab 4 m	ab 3 m

In die Intimdistanz eines anderen Menschen einzudringen, ist nicht empfehlenswert, da der Blickkontakt besonders schwierig wird und es aufdringlich wirkt. Personen, die die Intimdistanz des Gesprächspartners nicht respektieren, erreichen damit nur, dass der Gesprächspartner immer mehr zurückweicht. Bei guter Wahrnehmung merkt man rasch am Verhalten des anderen, wie weit seine Distanzzonen reichen.

Der wichtigste Bereich ist der Bereich der persönlichen Distanz. In diesen sollte man eindringen, wenn man zielorientiert verhandeln oder sprechen will.

Die gesellschaftlich-wirtschaftliche Distanz wird bei offiziellen Anlässen vorgezogen. Für ein normales Gespräch ist diese Zone nicht entscheidend. Von Vorgesetzten wird sie meist unbewusst bei Kritikgesprächen eingenommen.

Die Ansprachedistanz ist bei Vorträgen, Reden, Referaten usw. zu beachten. Ein ausreichend großer räumlicher Abstand soll dafür sorgen, dass man alle Zuhörer im Blickfeld hat.

Benehmen als Führungskraft

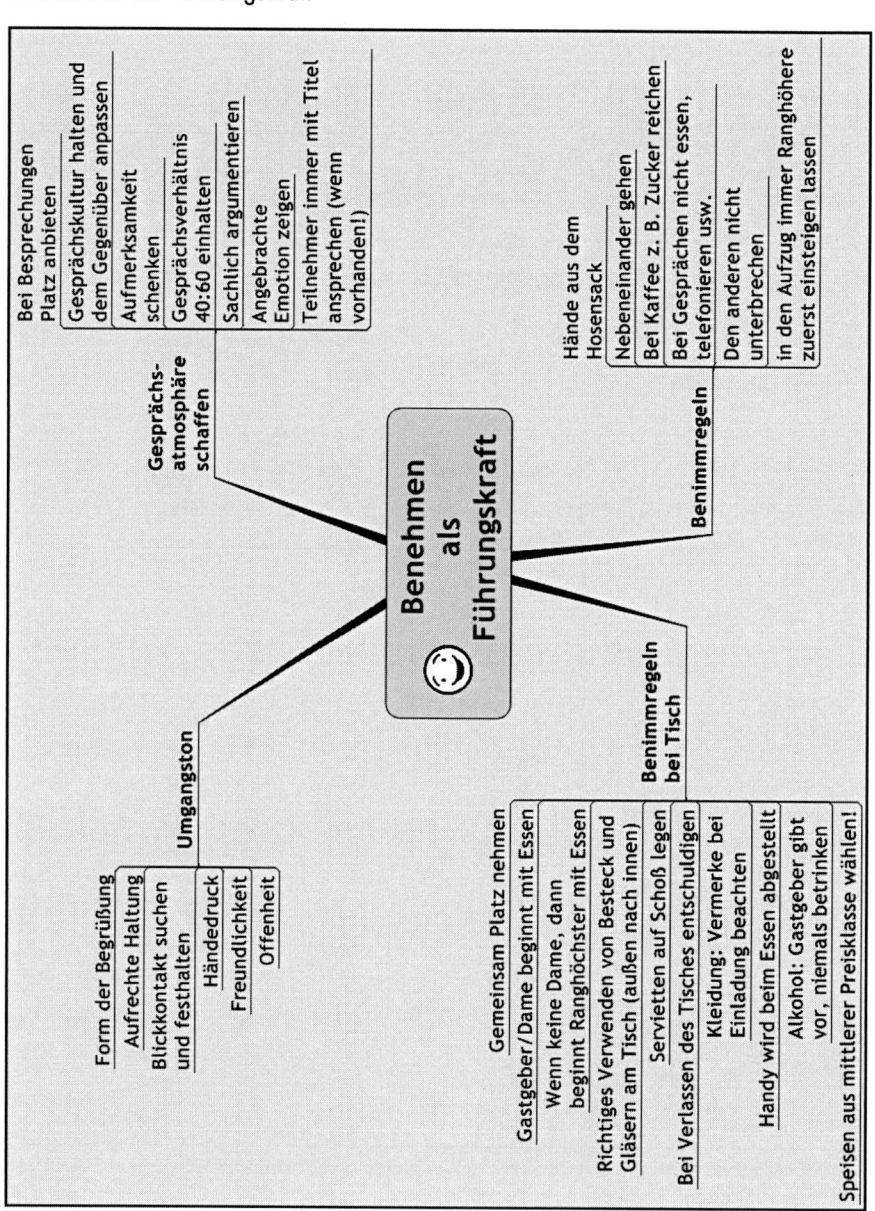

8.3 Erfolgreiche Kommunikation und Verhandlungsführung

8.3.1 Grundlagen der Kommunikation

Kommunikation ist das elementare Mittel zur Verständigung zwischen Menschen. Sie dient zur Übertragung von Informationen und damit auch zur Einflussnahme im weitesten Sinn.

Zum Zustandekommen von Kommunikation sind mindestens zwei Partner notwendig: Der Sender sendet eine Information aus. Der Empfänger empfängt sie. Reagiert der Empfänger auf die Information des Senders, so entsteht eine Wechselbeziehung, die wir Kommunikation nennen.

In einer zwischenmenschlichen Beziehung ist es unmöglich, nicht zu kommunizieren. Jedes Verhalten hat Mitteilungscharakter.

Auch ein Mann im Eisenbahnabteil, der nur aus dem Fenster oder auf den Boden sieht, kommuniziert. Er sagt durch sein Schweigen, dass er nicht angesprochen und gestört werden will. Dies ist nicht weniger Austausch von Information als ein angeregtes Gespräch.

Das uns bekannteste Kommunikationsmittel ist die Wortsprache. Gleichbedeutend in ihrer Wichtigkeit ist aber die sogenannte Verhaltenssprache. Diese bedient sich nonverbaler Ausdrucksmittel wie Gestik, Mimik, Körperhaltung, Lachen, Kleidung usw. Auch unwillkürliche Körpervorgänge wie Erröten, Bleichwerden, erhöhter Pulsschlag, Handschweiß zählen zu den nonverbalen Kommunikationsmitteln.

Inhalts- und Beziehungsebene

Fast jeder Kommunikationsvorgang spielt sich auf zwei Ebenen ab: einerseits auf der Inhaltsebene, andererseits auf der Beziehungsebene.

➻ *Inhaltsebene (rational = Kopf)*
   ▸ das Sachliche, objektiv Gesagte, das man mit Tonband aufnehmen könnte
   ▸ meist durch Wortsprache ausgedrückt

➻ *Beziehungsebene (emotional = Bauch)*
   ▸ das Unausgesprochene (Erwartungen, Ängste, Sympathien, Antipathien usw.)
   ▸ das Gefühlsmäßige, das mitschwingt, das zwischen den Worten liegt
   ▸ meist durch Verhaltenssprache ausgedrückt, seltener durch Wortsprache

Wenn ich zu einem Mitarbeiter sage: »Bringen Sie mir die Unterlagen zu Auftrag X«, so teile ich ihm einerseits mit, dass ich die Unterlagen sehen will, gleichzeitig sage ich ihm etwas über meine momentane Beziehung zu ihm (je nach Tonlage der Aufforderung), z. B., dass ich ihm nicht besonders freundlich gesinnt bin, dass ich erwarte, dass er der Aufforderung sofort folgt, dass ich mit seiner Leistung nicht zufrieden bin usw.

Es ist uns gar nicht möglich, eine verbale Botschaft, die wir auf der Inhaltsebene weitergeben, nicht zu bewerten. Sie wird ja immer in einer bestimmten Stimmlage weitergegeben, wir haben immer eine bestimmte Körperhaltung, unsere Mimik »spricht« immer mit. Ich kommuniziere also auf der Inhaltsebene, qualifiziere aber gleichzeitig diese Kommunikation auf der Beziehungsebene.

Überall wo sich zwei Menschen begegnen, müssen sie zwangsläufig herausfinden, in welcher Beziehung sie zueinander stehen. Nur zu einem kleinen Teil erfolgt dies über die Wortsprache. Viel wichtiger für die Beziehungsklärung ist die Verhaltenssprache, die sich der vieldeutigen nonverbalen Ausdrucksmittel bedient.

Die Wahrscheinlichkeit, sich nicht oder falsch zu verstehen, ist auf der Beziehungsebene größer als auf der Inhaltsebene. Vermutlich auch deshalb, weil die Wortsprache für uns ein so viel geläufigeres, eindeutigeres Kommunikationsmittel ist als die oft vieldeutigen nonverbalen Kommunikationsmöglichkeiten. Tränen können z. B. Trauer, aber auch Freude ausdrücken. Ein Lächeln kann für Sympathie, aber auch für Verachtung stehen.

Nun stellt sich natürlich die Frage, wie es am besten gelingt, den emotionalen, beziehungsmäßigen Gehalt einer zwischenmenschlichen Kommunikation zu erspüren. Das einfachste und zugleich schwierigste Rezept ist: **Zuhören lernen!**

- *Nicht sprechen*
  - Sie können nicht zuhören, während Sie selber sprechen.
- *Eine entspannte Gesprächsatmosphäre schaffen*
  - Zeigen Sie dem Gesprächspartner, dass er frei sprechen kann, dass Sie Zeit und Geduld haben.
- *Interesse zeigen*
  - Stellen Sie klärende Fragen.
  - Zeigen Sie, dass Sie verstanden haben.
- *Sich in den Gesprächspartner hineindenken*
  - Versuchen Sie, die Dinge so zu sehen wie Ihr Gesprächspartner.
- *Auf die Verhaltenssprache Ihres Gesprächspartners achten*
  - Versuchen Sie, bewusst zu erkennen, was er Ihnen damit mitteilen möchte.

Das nennt sich »aktives Zuhören«, weil der Zuhörer nicht nur passiv aufnimmt, was gesagt wird, sondern sich aktiv bemüht, Tatsachen und Empfindungen, die er wahrnimmt, zu erfassen. Er hilft damit dem Sprechenden, seine eigenen Probleme herauszuarbeiten und schafft ihm auch bessere Bedingungen, auf der Inhaltsebene seine Gefühle offen zu äußern, wodurch eine Beziehung tragfähig gemacht wird.

Auf sich selbst hören lernen

Auch Sie selbst haben gefühlsmäßige Einstellungen und Haltungen Ihrem Gesprächspartner gegenüber. Sie drücken diese Haltungen und Gefühle mit Ihrer Verhaltenssprache aus, ob Sie das nun wollen oder nicht. Lernen Sie, auf sich selbst zu hören:

▸ Wie ist Ihre gefühlsmäßige Haltung dem Gesprächspartner gegenüber? Ist er Ihnen sympathisch oder unsympathisch? Fühlen Sie sich ihm gegenüber unterlegen oder überlegen?
▸ Welche Erfahrungen haben Sie mit dem Gesprächspartner schon gemacht?
▸ Wie reagieren Sie auf seine Erscheinung, seine Redeweise, seine Ansichten usw.?

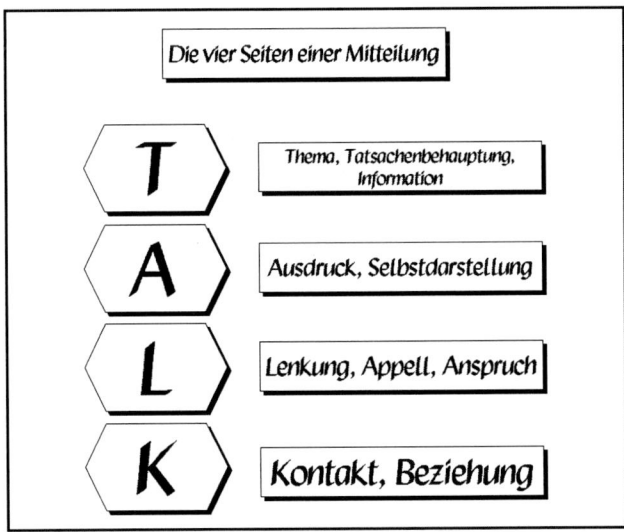

8.3.2 Einsatz von Fragetechniken

Jede Führungskraft braucht die richtigen Informationen zur Vorbereitung von Entscheidungen und zur Durchführung von Veränderungsmaßnahmen. Mit dem gekonnten Einsatz der unterschiedlichsten Fragenarten kann ein gewünschtes Ziel viel rascher erreicht werden.

8.3.2.1 Die Ziele einer gut eingesetzten Fragetechnik

Wer fragt,
▸ aktiviert den Gesprächspartner
▸ führt weg vom Monolog und hin zum Dialog
▸ erfährt die Einstellung und Meinung des Gesprächspartners
▸ kann den Gesprächspartner besser einschätzen (Intelligenz, Vorurteile, Fachwissen, Bildung, Interesse)
▸ erweitert sein Wissen

- kommt schneller an den Bedarf, die Wünsche und Probleme seines Gesprächspartners heran
- führt und steuert das Gespräch
- beweist seine Bescheidenheit (drängt sein Wissen nicht auf)
- erweckt Sympathie
- meistert Einwände besser
- erhält mehr Information
- kann rascher Übereinstimmung erzielen
- stellt eine positive Gesprächsatmosphäre her
- muss keine Behauptungen aufstellen, die bewiesen werden müssen
- kommt schneller auf den Punkt
- spricht seinem Gesprächspartner die Kompetenz zu, die richtige Antwort zu finden
- kann durch geschickte Fragen heikle Situationen abfangen
- kann durch Versachlichen und Reduzierung auf das Wesentliche einen emotionalen Partner auf eine realistische Ebene zurückführen
- kann Schwätzer durch seine Fragen sinnvoll einbremsen und steuern
- kann durch geschicktes Fragen Ideen verkaufen
- macht den Gesprächspartner zum Mitgestaltenden, lässt ihn die richtigen Lösungen »mitfinden«
- kann gewünschte Antworten oder Reaktionen herausfordern
- kann dadurch Zustimmung erwirken
- gewinnt Zeit, um nicht unter Druck Entscheidungen treffen zu müssen
- kann, ohne zu schulmeistern, Kritik anbringen, Standpunkte richtigstellen
- entdeckt neue unerwartete Möglichkeiten, die sonst nicht genützt werden könnten
- kann den Einfluss Dritter herausfinden
- bringt Anregungen für neue Argumente
- kann die Initiative wieder auf seine Seite bringen.

8.3.2.2 Voraussetzungen guter Fragetechnik

- Gute geistige Vorbereitung des Gesprächs
- Intelligenz des Argumentierenden
- Menschenkenntnis
- Interpretationsfähigkeit (man muss manchmal zwischen den Zeilen lesen oder auch Hintergründe gefühlsmäßig erfassen können, um den anderen oder dessen geistige Haltung interpretieren zu können; daneben sollte man die eigenen Auffassungen und Vorschläge so für den Partner interpretieren, dass er alles schnell und gut verstehen kann)
- Erfahrung und Fachwissen, um Praxis mit Theorie erfolgreich verbinden zu können
- Formulierungsvermögen, um nicht plumpe, ungeschickte, missverständliche Fragen zu stellen (das Formulieren von Fragen ist bereits eine anspruchsvolle Aufgabe sprachlicher Gestaltung)
- Einfühlungsvermögen (wer sich in andere einzufühlen versteht, begreift sie nicht nur besser, sondern kann sie auch gezielter ansprechen)
- Reaktionsvermögen/Schlagfertigkeit (mit Fragen kann man gut kontern und Einwände gekonnt abfangen, aber nur wenn der Denkweg jeweils kurz ist, also schnell und richtig, vielleicht sogar schlagfertig gefragt werden kann)

8.3.2.3 Fehlerhafte Fragestellungen, die es zu vermeiden gilt

- Aufdringliches Fragen (»Haben Sie nicht selbst das Gefühl, hier auf dem falschen Weg zu sein?«)
- Kompliziertes Fragen (»Wenn Sie in Anbetracht der Tatsache, dass ... und im Hinblick auf den Umstand, dass ... bedenken wollen, wie gefährlich es ist, die Erfahrungen anderer einfach in den Wind zu schlagen, so geben Sie mir sicher Recht, wenn ich sage, dass ...?«)
- Fragestellungen, die den anderen abwerten, ihn herabwürdigen (»Wie konnten Sie eigentlich damals eine so überholte Einrichtung anschaffen?«)
- Fragen, die den anderen für dumm verkaufen (»Ich kann Ihnen da nicht folgen – es weiß heute doch jeder, dass ..., oder was denken Sie?«)
- Fragen, die den Partner brüskieren (»Da hat doch einer bei Ihnen einfach Mist gebaut! Oder wollen Sie das etwa leugnen?«)
- Fragen, die ein Geständnis erpressen sollen (»Hätten Sie unsere Betriebsanleitung wirklich gelesen, hätte so etwas nicht passieren können, nicht wahr?«)
- Indiskrete Fragen (»Inwieweit sind Sie eigentlich unserer Konkurrenz so sehr verpflichtet, dass Sie unverdrossen am Alten festhalten?«)
- Negativ statt positiv formulierte Fragen (»Glauben Sie nicht auch, dass ...?« – »Finden Sie nicht, dass ...?« – »Sind Sie nicht der Meinung, dass ...?« statt: »Sie glauben doch wohl auch, dass ...?« – »Sie haben bestimmt auch die Erfahrung gemacht, dass ...?« – »Sie können doch sicher aufgrund Ihrer Praxis bestätigen, dass ...?« – »Bestimmt legen Sie Wert darauf, dass ...?« – »Sicher sind auch Sie der Meinung, dass ...?«) Wenn man mit diesen Suggestivfragen arbeitet, muss man schon absolut davon überzeugt sein, dass der andere sich der eigenen Meinung problemlos anschließen kann – notfalls müsste man für die eigene Auffassung den Beweis mühelos antreten können.
- Fragen, die so kinderleicht zu beantworten sind, dass der andere Hemmungen bekommt, darauf zu reagieren (»Fenster sind doch zum Hinaussehen da?« – um ihm danach eine andere Perspektive aufzutun)
- Plumpe Fragestellungen (»Warum wollen Sie das denn nicht einsehen?«)
- Fragen, durch die man dem anderen nachher ins Messer läuft (»Gerade unter Katholiken ist doch die Fehlhaltung verbreitet, dass ..., nicht wahr?« – wenn der Partner nun selbst zufällig Katholik ist, wird der Fragesteller nichts Gutes zu erwarten haben)
- Fragen, die nach fehlender Erfahrung oder nicht vorhandenem technischem Wissen riechen (»Aber Pressluft ist doch praktisch immer der billigste Antrieb für solche Geräte« – wenn z. B. der elektrische Antrieb kostenmäßig günstiger kommt und dies anerkannte Tatsache ist)

8.3.2.4 Fragetypen im Überblick

Fragetyp	Ziel	Inhalte	Beispiele
Gegenfragen	▸ Eröffnen die Möglichkeit, nach einer Frage des Gesprächspartners wieder die Initiative zurückzugewinnen	▸ Die Gegenfrage hilft, Zeit zu gewinnen ▸ Zusätzliche Informationen können eingeholt werden ▸ Konkretisierung eines Sachverhalts ist leichter möglich	▸ Was steckt hinter Ihrer Frage? ▸ Wie ist das zu verstehen?
Geschlossene Fragen	▸ Sachverhalte werden konkretisiert ▸ Ja/Nein-Antworten werden initiiert	▸ Werden sehr stark in Entscheidungsprozessen eingesetzt	▸ Entspricht diese Vereinbarung Ihren Vorstellungen? ▸ Sind Sie mit dem Vorgehen einverstanden? ▸ Haben Sie noch Ergänzungen anzubringen? ▸ Können wir so verbleiben?
Auf-schließende Fragen	▸ Mit ihnen schließt man den Partner für ein Gespräch oder eine Idee auf	▸ Man erkennt, ob sich der Gesprächspartner überhaupt schon mit der Thematik auseinandergesetzt hat ▸ Aktivierung des Gesprächspartners ▸ Zusätzliche Informationen erhalten	▸ Wie sehen Sie den Sachverhalt? ▸ Was kann Ihrer Meinung nach dazu beitragen, Ihre offenen Fragen zu klären? ▸ Welchen Eindruck haben Sie bisher von der Sache? ▸ Was erwarten Sie besonders in einer Zusammenarbeit? ▸ Über welche Punkte möchten Sie mehr wissen? ▸ Was ist Ihrer Meinung nach noch zu verbessern?

Fragetyp	Ziel	Inhalte	Beispiele
Suggestiv-fragen	▸ Versuchen, den Gesprächspartner im eigenen Sinne zu beeinflussen	▸ Man beeinflusst den Gesprächspartner durch Vorformulierung einer möglichen Meinung ▸ Es ist stets darauf zu achten, dass diese Frageart den Partner nicht negativ berührt ▸ Suggestivfragen sind sparsam einzusetzen ▸ Man kann damit eine positive Antwort beim Kunden herauslocken ▸ Eigene Meinungen werden eingebracht	▸ Sie als Fachmann auf dem Gebiet der ... haben sicher schon gehört, dass ...? ▸ Sie wissen doch auch, dass ...? ▸ Das ist doch sicher die richtige Lösung für Sie? ▸ Es ist doch sicher auch in Ihrem Interesse, dass die Arbeitszeit effizienter genützt wird? ▸ Sie kennen sicherlich die Schwierigkeiten, die eine fehlende ... mit sich bringt? ▸ In Ihren Verantwortungsbereich fällt doch sicher auch ...?
Alternativ-fragen	▸ Lassen dem Gesprächspartner die Möglichkeit, zwischen zwei Entscheidungen zu wählen, die beide für den Fragenden positiv sind	▸ Stellen mindestens zwei Varianten dar ▸ Helfen dem Gesprächspartner, eine Entscheidung zu treffen ▸ Führen zum Erfolg, wenn nicht zu oft und zu auffällig gefragt wird ▸ Lassen sich im Prinzip in allen Gesprächsphasen einsetzen ▸ Wichtig: Achten Sie auf die Reaktion auf Alternativfragen – ist der Partner damit überfordert oder lenkt er selbst positiv zur Entscheidung ein?	▸ Ist Ihnen ein Gespräch am ... oder am ... lieber? ▸ Sehen Sie die Entwicklung in dieser oder jener Richtung gegeben? ▸ Möchten Sie das Gespräch jetzt oder doch lieber zu einem späteren Zeitpunkt fortführen? ▸ Wo sehen Sie mehr Erfolgschancen, mit ... oder ...?

Fragetyp	Ziel	Inhalte	Beispiele
Bedarfsfragen	▸ Möglichst viele Informationen vom Gesprächspartner erhalten ▸ Sehr gut einsetzbar zur Ermittlung von Wünschen, Zielen und Problemstellungen ▸ Dienen der Annäherung an ein mögliches Problem des anderen ▸ Zur Nutzung von Signalen geeignet ▸ Zwingen zum aktiven Zuhören	▸ Offene Fragen, W-Fragen (Was, Wer, Wie, Wann, Womit) ▸ Fragetrichter einsetzen (breite Fragen zuerst, dann konkrete Fragen) ▸ Immer nur eine Bedarfsfrage stellen, Antwort notieren	▸ Wie kann ich Ihnen helfen? ▸ Was stellen Sie sich unter ... vor? ▸ Welche Ziele streben Sie mit ... an? ▸ Welche Wünsche möchten Sie sich erfüllen? ▸ Wie viel Zeit möchten Sie dafür aufwenden? ▸ Was benötigen Sie dazu? ▸ Welche Gründe sprechen für ...? ▸ Was sollte anders gemacht werden? ▸ Worin zeigt sich das Problem?
Prüffragen	▸ Man prüft die Auffassung des anderen zuerst, bevor weiter-argumentiert wird ▸ Sollen möglichst eine Zustimmung des Gesprächspartners bringen	▸ Wecken Verständnis beim Gesprächspartner ▸ Die eigene Wahrnehmung wird kontrolliert ▸ Man erhält dadurch neue Informationen, Signale für mögliche Bedürfnisse oder Probleme	▸ Wie sind denn Ihre Versuche inzwischen ausgefallen? ▸ Wie denken Sie nun über ...? ▸ Bringt Ihnen diese Lösung, was Sie sich erwartet haben? ▸ Was halten Sie davon? ▸ Wie sehen Sie nun diesen Auftrag?
Fragen nach Erklärungen	▸ Hintergründe für bestimmte Überlegungen analysieren ▸ Erkennen und Hinterfragen von Zweifeln beim Gesprächspartner	▸ Einstellungen und Werte des anderen kennenlernen ▸ Konkretisierung von Aussagen ▸ Beispielhaftes darstellen	▸ Wie erklären Sie sich das? ▸ Wie kommen Sie zu der Auffassung? ▸ Das ist ja überraschend, was Sie mir da erzählen. Wie erklären Sie sich den Widerspruch?

Fragetyp	Ziel	Inhalte	Beispiele
Zirkuläre Fragen	▸ Im Rahmen eines Gespräches den Gesprächspartner über die Meinung eines nicht anwesenden Dritten ansprechen ▸ Es entsteht dadurch eine simultane Betrachtungsweise, wobei trotzdem die Meinung des direkt anwesenden Gesprächspartners analysiert wird	▸ Durch die simultane Betrachtungsweise aus mehreren Blickwinkeln werden die realen Vernetzungen eines Themas oder Problems im Gespräch klarer ▸ Komplexe Probleme können in ihrer Vielschichtigkeit leichter dargestellt werden ▸ Durch die zirkuläre Frage bleibt der Fragende neutral ▸ Zirkuläre Fragen geben doppelt Informationen auf der Inhalts- und Beziehungsebene	▸ Wenn ich Ihren Kollegen dazu fragen würde, was würde er sagen? ▸ Wie sieht das wohl aus der Perspektive Ihres Chefs aus? ▸ Sieht das Herr/Frau ... auch so? ▸ Worauf legen die anderen Mitarbeiter in diesem Bereich Wert?
Hypothetische Fragen	▸ Der Frager stellt Hypothesen auf	▸ Gewünschte Vorstellungen werden hypothetisch dargestellt ▸ Hilft Entscheidungen herbeizuführen, provoziert zum kreativen Mitdenken ▸ Hilft dem Gesprächspartner, ungezwungen über die Annahmen nachzudenken ▸ Die Vorstellungswelt des anderen wird aktiviert ▸ Entscheidungsvarianten werden unverbindlich in den Raum gestellt ▸ Zusammenhänge lassen sich unaufdringlich darstellen	▸ Gesetzt den Fall, Sie würden ... so entscheiden, was bedeutet das dann für Sie? ▸ Was wäre, wenn wir uns dahingehend ... einigen könnten? ▸ Wenn Sie sich einfach positiv dazu entschließen, was würde das bei Ihnen bewegen? ▸ Angenommen, Sie könnten persönlich darüber entscheiden, was wäre Ihre diesbezüglich beste Lösung?

Fragetyp	Ziel	Inhalte	Beispiele
Rhetorische Fragen	▸ Dienen primär dazu, die Aufmerksamkeit des Gesprächspartners zu erhalten bzw. zu gewinnen ▸ Die Antwort gibt der Fragende selbst	▸ Helfen, das Gesprächsziel schneller zu erreichen ▸ Zu viele rhetorische Fragen verunsichern den Gesprächspartner (wird überfahren) ▸ Der Gesprächspartner kann nicht mehr folgen ▸ Monolog-Gefahr ist sehr groß	▸ Welches Problem ergibt sich somit? Das Hauptproblem ist doch ...? ▸ Wer kennt nicht die Angst vor neuen Wegen? Wenn Sie sich dafür entscheiden, dann ... ▸ Was können wir in diesem Fall tun? Wäre nicht das Beste für Sie ...?
Antithetische Fragen	▸ Sind gegensätzliche Fragestellungen, die dazu anregen, dass der Gesprächspartner seine eigene Meinung bekannt gibt	▸ Fordern den anderen zur Meinungsäußerung auf ▸ Geben Argumente vor ▸ Entscheidungsspielraum wird dadurch geöffnet	▸ Was aber wäre, wenn ...? ▸ Sie sind der Auffassung, dass ... Da gibt es aber noch Folgendes zu bedenken: ... Haben Sie sich damit schon auseinandergesetzt? ▸ Ganz im Gegenteil dazu gibt es ... Wie sehen Sie die Sache? ▸ Wenn man den Sachverhalt anders betrachtet, kommt man zu dem Ergebnis, dass ... Spricht Sie das an?
Fragen nach Unterschieden	▸ Analyse der Unterschiede ▸ Mögliche Einstufung von Gedanken durch Skalen forcieren	▸ Unterstützen die Entscheidungsfähigkeit ▸ Können konkretisieren ▸ Helfen, neue Perspektiven zu relativieren ▸ Regen Einwände an, die danach leichter lösbar sind	▸ Welche Variante steht Ihnen am nächsten? ▸ Wen würde das am meisten stören? ▸ Wenn Sie eine Skala von 1 bis 10 hernehmen, wo schätzen Sie ...? ▸ Wie sieht das aus Ihrer bisherigen Perspektive aus?

Fragetyp	Ziel	Inhalte	Beispiele
Motivations-fragen	▸ Helfen, dass der Gesprächspartner seine wirklichen Beweggründe/ Motive offenbart und dazu bewegt wird, aktiv zu werden	▸ Aktivierung des Gesprächspartners ▸ Klärung der Motive ▸ Positive Art zu fragen, da positiver Grundgedanke vorhanden	▸ Können Sie als erfahrener Mitarbeiter mir sagen, wo die Ursachen für ... liegen? ▸ Diese Überlegungen sind sehr interessant – wie sind Sie darauf gekommen? ▸ Welche Erfahrungen haben Sie bisher damit gemacht?

8.3.3 Behandlung von Einwänden

In jedem Gespräch gibt es Einwände vonseiten des Gesprächspartners. Einwände zeigen das Interesse des Gesprächspartners an z. B. mehr Information, einer Weiterführung von Argumenten, an mehr Aufklärung und weiteren Fragen. Einwände können aber auch Vorwände sein, wenn der Gesprächspartner nicht klar Stellung beziehen, einer Situation rasch entkommen will etc.

Folgende Grundregeln sind bei der Einwandbehandlung zu beachten:

▸▸ Bleiben Sie ruhig und sachlich. Drücken Sie nicht schon durch Ihre Mimik, Gestik oder Haltung Ihren Unwillen über den Einwand aus (positive Grundeinstellung).

▸▸ Lassen Sie den anderen unbedingt ausreden und hören Sie ihm interessiert zu.

▸▸ Legen Sie unbedingt eine (Denk-)Pause ein, bevor Sie antworten. Oder stellen Sie sofort eine Gegenfrage, um Zeit zu gewinnen.

▸▸ Überlegen Sie, was der Gesprächspartner will. Handelt es sich um einen emotionalen oder rationalen Einwand? Denn: Emotionale Einwände werden Sie kaum rational entkräften können.

▸▸ Antworten Sie knapp und präzise. Versuchen Sie immer, ruhig und sachlich zu sprechen und Ihre Emotionen unter Kontrolle zu halten.

▸▸ Schließen Sie an den Einwand eine Frage an, damit Ihr Gesprächspartner antworten muss, denn: Wer fragt, der führt – und gewinnt.

▸▸ Setzen Sie die richtige Einwandtechnik zur Entkräftung des Einwandes ein.

8.3.3.1 Wege der Einwandbehandlung

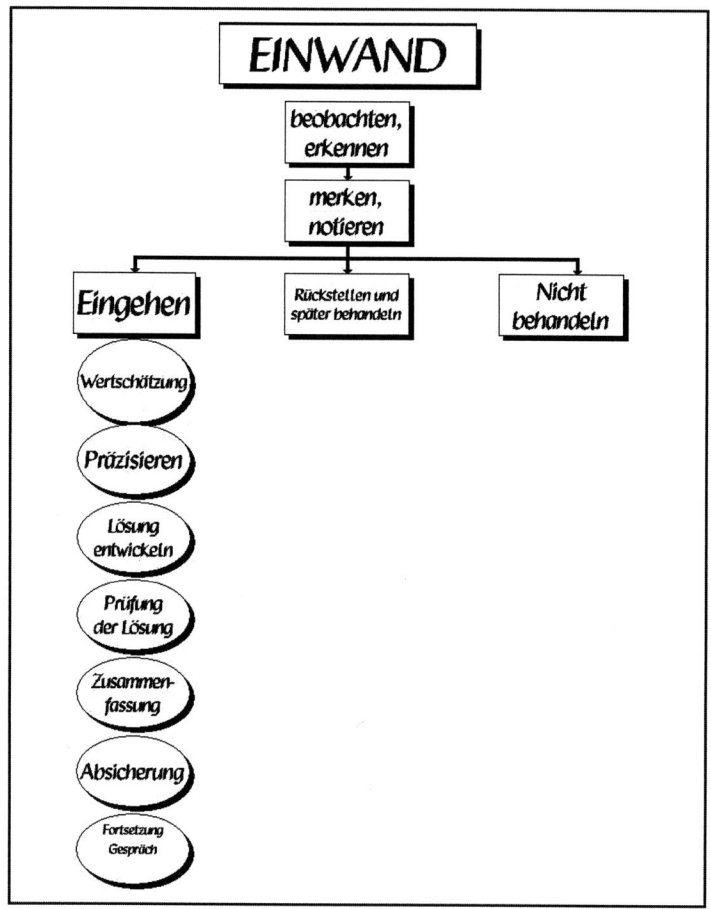

Wichtig ist:

▸▸ den Einwand im Gespräch, in der Präsentation, in der Verhandlung zu erkennen

▸▸ die Entscheidung zwischen »darauf eingehen« , »nicht darauf eingehen« oder »rückstellen« zu treffen

▸▸ Wenn auf den Einwand eingegangen wird, dann

    ▸ notieren

    ▸ eventuell Wertschätzung ausdrücken (»Gut, dass Sie das sagen ...«)

    ▸ präzisieren und prüfen, ob der Einwand richtig verstanden wurde

    ▸ Analyse des Hintergrundes, bevor eine Lösung angeboten wird

    ▸ Lösungshypothesen mit genauer Definition der Lösung anbieten

    ▸ Absicherung der Lösung, ist Einwand nun geklärt?

    ▸ Fortsetzung des Gesprächs

▸▸ Wenn der Einwand zurückgestellt wird, bei passender Gelegenheit ins Gespräch bringen und behandeln

FÜHRUNG UND PERSÖNLICHKEIT

8.3.3.2 Einwandtechniken

Technik	Ziel	Beispiele
Vorwegnahme-technik	Ein möglicher Einwand wird vorweggenommen und im Laufe des Gesprächs beantwortet.	▸ Sie werden vermutlich gleich fragen, ob ... ▸ Eine Frage, die oft gestellt wird, ist ... ▸ Aus Erfahrung weiß ich, dass an dieser Stelle immer die Frage nach ... kommt. ▸ Es ist Ihnen sicher nicht entgangen, dass ... ▸ Sie könnten nun meinen, dass ... ▸ Ich sehe an Ihrer Reaktion, dass ...
Zurückstell-technik	Hier versucht man, durch Zurückstellen der Frage oder des Einwandes des Gesprächspartners auf einen späteren (günstigeren) Zeitpunkt den Gesprächsablauf zu verbessern.	▸ Mit Ihrem Einverständnis möchte ich die Frage vorerst zurückstellen, da ... ▸ Interessante Fragestellung, ich möchte bewusst erst später darauf eingehen ... (unbedingt notieren) ▸ Ihre Frage passt genau zum Gespräch, allerdings ist vorher noch die Klärung von ... notwendig. ▸ Erlauben Sie, dass ich später darauf eingehe? ▸ Wenn ich vorab noch Folgendes sagen darf ...?
Umformulie-rungs-technik	Bei dieser Technik versucht man durch Umformulierung eines Einwandes, diesem das Gewicht und die Schärfe der Aussage zu nehmen.	▸ Können Sie sich vorstellen, die Frage aus dieser Sicht zu verstehen ...? ▸ Wenn Sie die Angelegenheit nicht nur so betrachten, was steht an Alternativen bereit? ▸ Ich sehe die Situation nicht so, denn ...
Referenz-technik	Durch die Bezugnahme auf bereits umgesetzte Konzepte oder Maßnahmen als Beispiele werden Fragen entkräftet.	▸ Herr X, gerade weil auch in den anderen Abteilungen zu diesen Themen eine hohe Akzeptanz vorhanden ist, empfehle ich Ihnen ... ▸ Mehr als zwei Drittel der Mitarbeiter erwarten sich laut Befragung ...

Technik	Ziel	Beispiele
Plus-Minus-Technik	Es wird bewusst ein gewisser Nachteil eingestanden. Diesem Nachteil werden die großen Vorteile für den Gesprächspartner gegenübergestellt (+/- Checkliste).	▸ Fassen wir die positiven und negativen Punkte zusammen und stellen wir das einmal gegenüber ... ▸ Obwohl es hier z. B. zwei bis drei Nachteile gibt, überwiegen doch die Vorteile ... ▸ Ich sehe, dass es hier auch Nachteile für Sie gibt, doch betrachten Sie einmal die positiven Faktoren ... ▸ Das ist selbstverständlich ein Nachteil, obwohl ... ▸ Ich sehe das genau wie Sie, aber ...
Beispiel-technik	Durch die Angabe von Beispielen soll der Gesprächspartner dahingehend beeinflusst werden, dass er derartige Beispiele auch für seine Situation positiv empfindet.	▸ Nehmen wir einmal als Beispiel an ... ▸ Ein konkretes praktisches Beispiel schafft Klarheit: ... ▸ Ich helfe Ihnen mit einem Beispiel ... ▸ Versuchen Sie doch einfach, das Beispiel von dieser Warte aus zu betrachten ...
Ja-Aber-Technik	Nach einer anfänglichen Zustimmung wird die Aussage des Gesprächspartners relativiert.	▸ Bis hierher stimme ich Ihnen zu, aber wie sieht es mit ... aus? ▸ Ja, Sie haben Recht, aber betrachten Sie diese Angelegenheit doch einmal aus dieser Perspektive ... ▸ Ja, aber was nützt diese Erfahrung, wenn Sie nicht bereit sind, auch ... zu akzeptieren?
Gegenfrage-technik	Mit einer Gegenfrage versucht man, den Gesprächspartner zu einer Begründung seiner Aussage zu bewegen; zudem gewinnt man Zeit für neue Argumente.	▸ Welche Überlegungen stehen hinter Ihrer Frage? ▸ Interessant, was Sie sagen, können Sie noch mehr darüber berichten? ▸ Warum fragen Sie gerade jetzt?

Technik	Ziel	Beispiele
Entlastungs-technik	Bei dieser Technik bringt man die Aussage des Gesprächspartners in vereinfachter Form vor und entlastet ihn zugleich von der Aussage.	▸ Wenn ich Sie richtig verstanden habe, dann meinen Sie ...? ▸ Ihren Aussagen nach kann ich schließen, dass ...? ▸ Interessant, was Sie beschäftigt – kommen wir später darauf zu sprechen?
Verkleine-rungstechnik bzw. Vergröße-rungstechnik	Durch Division wird z. B. die Gesamtsituation verkleinert oder vergrößert, dadurch wird die Aussage entweder abgeschwächt oder aufgewertet.	▸ Wie sieht es aus, wenn wir nur einmal den Teil ... näher betrachten? ▸ Nehmen wir zuerst einmal den nächsten Monat ... als Beispiel ... ▸ Bei einem Umsatz von ... erreichen wir immerhin ...
Nehmen-wir-an-Technik	Durch diese Einwandtechnik werden neue Perspektiven als Problemlösung in den Raum gestellt und damit der Einwand abgeschwächt.	▸ Nehmen wir an, Ihre Befürchtung ist richtig, dann könnten wir ...? ▸ Angenommen, es wäre so, wie Sie sagen, dann würde das bedeuteten, dass ... ▸ Gesetzt den Fall, Ihre Überlegungen sind richtig, welche Auswirkungen hat das auf die bisherigen Gesprächsergebnisse ...?

8.3.3.3 Körpersprachemodell und Ein- bzw. Vorwandbehandlung

Anhand der Augenbewegungsmuster gemäß der Neurolinguistischen Programmierung (NLP) können Sie erkennen, woher der Ein- oder Vorwand des Gesprächspartners kommt: aus dem Verstand, aus dem Gefühl, aus der Vergangenheit oder aus einer zukünftigen Konstruktion. Beobachten Sie einmal die Augenbewegungen Ihrer Gesprächspartner und die Aussagen, die sie machen – oder beobachten Sie sich selbst einmal, wohin Sie schauen, wenn Sie mit jemandem reden und worum es dabei geht.

Sie können durch die Beachtung der Augenbewegungsmuster dem Grundsatz einer erfolgreichen Kommunikation – »Den anderen dort abholen, wo er steht« – leichter entsprechen.

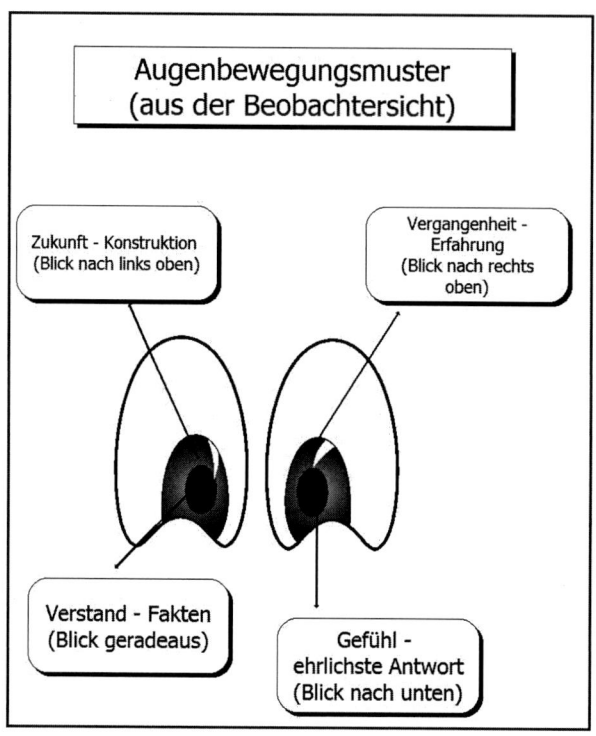

Dem bekannten Vorwand »Das muss ich mir noch überlegen« kann entsprechend dem jeweiligen Hintergrund folgendermaßen begegnet werden (Blickrichtungen aus der Beobachtersicht):

»Das muss ich mir noch überlegen!«	
Blick nach links oben: (aus Beobachtersicht, das Gegenüber blickt nach rechts oben) Zukunft – Konstruktion – Notlüge	▸ Diese Einschätzung ist für Ihre Zukunft sehr wichtig ... ▸ ... um die besprochenen Vorteile in Zukunft zu nützen, welche zusätzlichen Informationen sind dazu noch notwendig? ▸ Bis wann werden Sie ihre Entscheidung getroffen haben?
Blick nach rechts oben: (aus Beobachtersicht, das Gegenüber blickt nach links oben) Vergangenheit – Erfahrung	▸ Bisher haben Sie die Entscheidung immer so ... getroffen! ▸ In der Vergangenheit habe ich immer das Gefühl gehabt, dass ... ▸ Ihre persönliche Erfahrung zeigt Ihnen, wie wichtig diese Entscheidung ist ...

Blick nach unten: Gefühlsebene	▸ Ich habe das Gefühl, dass alle Rahmenbedingungen besprochen wurden, sehen Sie das auch so? ▸ Das Gefühl sagt mir, dass wir auf dem richtigen Weg sind. ▸ Wie fühlen Sie sich jetzt dabei?
Blick geradeaus: Verstand – Fakten	▸ Fassen wir die Fakten noch einmal zusammen ... ▸ Es freut mich, dass die Fakten soweit klar sind ... ▸ Wie denken Sie über den Vorschlag?

8.3.4 Richtig verhandeln

Die richtige Verhandlungsführung ist eines der wichtigsten Führungsinstrumentarien für einen Manager.

Bei der Zielformulierung mit den Mitarbeitern, bei der Durchsetzung von Strategien, bei der Lösung von vernetzten Problemstellungen, bei der Kundengesprächsführung usw. sind Verhandlungstechniken notwendig.

Die Grundvoraussetzungen für eine erfolgreiche Verhandlungsführung sind:

- ▸ Die Zeichen einer gelungenen Kommunikation erkennen
- ▸ Aktiv zuhören können (siehe Kap. 8.3.1)
- ▸ Warnsignale im Gespräch wahrnehmen
- ▸ Kommunikationssünden vermeiden

8.3.4.1 Die Zeichen gelungener Kommunikation

Eine positive, zu Ergebnissen führende Kommunikation erreichen Sie mit:

Geduld, Akzeptanz, Hilfsbereitschaft
- – Dem anderen helfen, sich auszudrücken
- – Geduldig zuhören – sich Zeit nehmen
- – Nicht unterbrechen
- – Pausen und Bedenkzeit einräumen
- – Die positiven Möglichkeiten heraushören
- – Nicht über Widerspruch gekränkt sein

Konfliktbereitschaft und -toleranz
- – Konflikte offen ansprechen
- – Eigene Wünsche und Forderungen anmelden

Echtheit und Verständlichkeit
- – Ehrlichkeit, Offenheit
- – Keine Fassaden, keine Show abziehen
- – Sich verständlich und eindeutig ausdrücken

Verantwortungsbereitschaft
- Sich nicht vor der Verantwortung drücken
- Fehler auf die eigene Kappe nehmen

Kontaktbereitschaft
- Engagement, Interesse, Einsatz zeigen
- Jede Gelegenheit zum Gespräch suchen

Konstruktivität
- Auf Interessenausgleich bedacht sein
- Nicht auf vergangenen Fehlern herumreiten
- Eigene Gefühle und Wünsche vorbringen
- Meinungsvielfalt bewahren und fordern
- Mut zum Widerspruch

Ganzheitlichkeit
- Nicht nur rational kommunizieren, auch das körperliche Geschehen beachten
- Blickkontakt suchen
- Ruhig atmen
- Nicht stottern oder gehetzt wirken

Direktheit
- Sprechen Sie Probleme direkt an
- Nichts in sich »hineinfressen« und sich anschließend darüber ärgern

Ich-Bezug herstellen
- Sich hinter die eigenen Aussagen stellen (»Ich-Botschaften«)
- Nicht »man« oder »wir« verwenden
- Andere direkt ansprechen

8.3.4.2. Warnsignale im Gespräch

Achten Sie auf die Reaktionen Ihres Gesprächspartners, und zwar sowohl auf verbale als auch auf körpersprachliche Signale. Es passiert oft, dass man durch »falsche« Aussagen und unbewusstes Verhalten den Gesprächspartner dazu bringt, sich zurückzuziehen, auf stur zu schalten oder Ähnliches, und damit nicht zum erwünschten Ergebnis kommt. Werden die ersten Warnsignale beachtet, so kann oft noch eine entsprechende Kurskorrektur eingeleitet werden.

Folgendes Verhalten kann als Warnsignal verstanden werden:

Ablehnung, Widerstand und Auflehnung äußern sich durch:
- »Jetzt erst recht«-Haltung
- Ständiges Widersprechen
- Zu allen Vorschlägen Nein sagen
- Mürrische Bemerkungen

Aggression und Vergeltungsmaßnahmen sind erkennbar an:
- Spitzen Bemerkungen
- Dominieren und tyrannisieren
- Absichtlichem Missverstehen

- Den anderen »auflaufen« lassen
- Intrigieren
- Andere schlecht machen
- Laut werden
- Sarkastischen Einwürfen

Die Fixierung auf bestimmte Vorgehensweisen zeigt sich in:
- Sturheit, Hartnäckigkeit, Uneinsichtigkeit
- Vom Standpunkt nicht abzubringen
- Rechthaberei
- Dienst nach Vorschrift
- Buchstabengetreuer Ausführung von Anweisungen

Projektion kann wahrgenommen werden durch:
- Fehler anderen in die Schuhe schieben
- Gerüchte verbreiten
- Sich über Kleinigkeiten ärgern
- Auf Nebensächlichkeiten unangemessen reagieren

Mitarbeiter können flüchten und ausweichen durch:
- Vorbringen utopischer Ideen
- Sich Anforderungen und Kritik nicht stellen
- Ausreden finden
- Sich selbst etwas vormachen
- Angeben, prahlen
- Unpünktlichkeit, Fehlen

Ein deutliches Warnsignal sind Resignation oder Depression:
- Apathie, Desinteresse
- »Es hat ja doch keinen Sinn!«
- »Mir ist alles egal«
- Niedergeschlagenheit
- Wortkargheit
- Fügsamkeit

Soziale Absicherung äußert sich in:
- Andere vorschieben
- »Meine Hände sind mir gebunden«
- Bündnisse schließen
- Sich als Sprachrohr darstellen
- Die allgemeine Stimmung artikulieren
- Sich Rückversicherung gegen Misserfolge geben lassen

8.3.4.3 Kommunikationssünden

Die nachfolgend dargestellten beispielhaften Verhaltensweisen bzw. Äußerungen sind zu vermeiden, da sie eine konstruktive, auf beidseitige Interessen Rücksicht nehmende Kommunikation nicht zulassen. Sie beinhalten nämlich den Wunsch, den Gesprächspartner zu verändern, statt ihn zu akzeptieren. Diese »Kommunikationssünden« führen zu Missverständnissen, Ärger, Frust und Gesprächsabbrüchen. Obwohl diese Kommunikationsfehler jeden Tag überall begangen werden, sollten Sie sie in Ihren Gesprächen möglichst vermeiden. Versuchen Sie sich anders auszudrücken.

Befehlen, anordnen
- Das können Sie nicht tun!
- Hören Sie auf damit!
- Ich erwarte von Ihnen, dass ...

Dem anderen bleibt keine Möglichkeit zur weiteren Diskussion, er kann sich nicht weiter informieren, er kann nicht ablehnen oder zustimmen. Er wird vielleicht mit einer aggressiven Antwort oder mit widerstrebendem Gehorsam reagieren. Suchen Sie nach besseren Möglichkeiten, Ihre Botschaften mitzuteilen.

Mahnen, drohen
- Wenn Sie das nicht getan hätten, wäre ...
- Das hätten Sie besser unterlassen!
- Entweder Sie machen das jetzt oder ...

Viele Menschen wehren sich gegen Drohungen und suchen nach Möglichkeiten, nicht zu gehorchen. Wenn jemand etwas tun oder lassen sollte, erklären Sie ihm das. Zum besseren Verständnis können Sie auch auf eindeutige und faire Weise Konsequenzen schildern.

Beraten, Vorschläge machen
- Wenn Sie mich fragen, wäre es am besten, wenn Sie ...
- Nach meiner Auffassung sollten Sie ...

Sie laufen damit Gefahr zu moralisieren, zu predigen oder einen Vortrag zu halten. Wenn Sie anderen Menschen Ihren Rat aufzwingen, werden sie Sie wahrscheinlich ignorieren. Wenn man einen Rat erteilt, dann mit Erlaubnis: Hätten Sie etwas dagegen, wenn ich einen Vorschlag mache, wie ich damit umgehen würde ...?

Urteilen, kritisieren
- Sie sind auf dem falschen Weg!
- Wie dumm von Ihnen, so etwas zu sagen.
- Sie müssen sich schon stärker engagieren, wenn Sie weiterkommen wollen!
- Sie reden, als hörten Sie das erste Mal davon.

Mit diesen Aussagen benehmen Sie sich sehr herablassend. Sie halten sich offensichtlich für etwas Besseres, vor allem dann, wenn Sie globale und nicht spezifische Aussagen machen. Kritisieren Sie nur spezifisch und mit Begründung. Beziehen Sie sich auf Tatsachen, anstatt Meinungen und Deutungen zu verwenden. Vermitteln Sie dem anderen trotz Ihrer Kritik an einer bestimmten Sache, dass Sie ihn respektieren.

Schmeicheln
- Sie sind ein intelligenter Mensch.
- Bisher haben Sie es immer geschafft.

Mit diesen Aussagen spannen Sie den anderen subtil ein, manipulieren ihn. Der andere wird höflich in eine bestimmte Richtung gedrängt, bekommt aber nicht wirklich Gelegenheit, sich dazu zu äußern. Besprechen Sie lieber das gewünschte Ergebnis und hören Sie dem anderen zu, wenn er Fragen und Einwände hat.

Interpretieren, etikettieren
- Das sagen Sie, weil Sie verärgert sind.
- Sie wollen Eindruck schinden.
- Ihr Problem ist ...

Diese Aussagen stufen den Gesprächspartner herunter. Etiketten, die Sie anderen verpassen, stimmen meistens nicht. Sich zu benehmen, als wäre eine Vermutung richtig, kann nur zu kommunikativen Problemen führen. Wenn Sie etwas an einem anderen verändern wollen, beschreiben Sie Ihre Sicht klar und deutlich und ohne Bewertung. Bleiben Sie bei den Tatsachen und wie sie auf Sie gewirkt haben, aber spielen Sie nicht den Amateurpsychologen.

Trösten, aufrichten
- Es wird schon besser werden.
- Nehmen Sie sich das nicht so zu Herzen.
- So schlimm ist es doch gar nicht.

Auch dieses Verhalten ist überheblich, meist stimmen auch die Aussagen nicht. Man tut damit so, als würde man über die Lage des anderen besser Bescheid wissen als dieser selbst. Sprechen Sie mit anderen so, dass Sie Ihre Achtung und Ihren Respekt ausdrücken und vermeiden Sie dabei leere Beschwichtigungen.

Ausweichen, aufziehen
- Sie haben vielleicht Probleme.
- Als Perfektionist haben Sie doch sicher schon ...
- Das erinnert mich an den Fall, als ...
- Jeder weiß doch ...

Mit vagen Aussagen zwingen Sie den anderen zum Gedankenlesen. Sie bekennen sich damit nicht zu ihren eigenen Aussagen. Sprechen Sie konkret und stehen Sie zu Ihren Botschaften. Das, was man sagen will, in ironische Bemerkungen zu verpacken, ist dem Gesprächspartner gegenüber unfair und setzt ihn eigentlich herab. Ironie kann ein offenes Gespräch verhindern. Sagen Sie besser, was Sie wirklich meinen.

8.4 Sicheres Auftreten und Präsentieren

Jede Führungskraft steht ständig im Zentrum von Information und Kommunikation. Die persönliche Präsentation findet praktisch überall statt. Zu den Aufgaben einer Führungskraft gehören aber auch laufend die Präsentation und Visualisierung von Konzepten und Ergebnissen (der Mitarbeiter, der Abteilung, eigene Erfolge und auch negative Entwicklungen). Dabei sind folgende Grundlagen zu beachten:

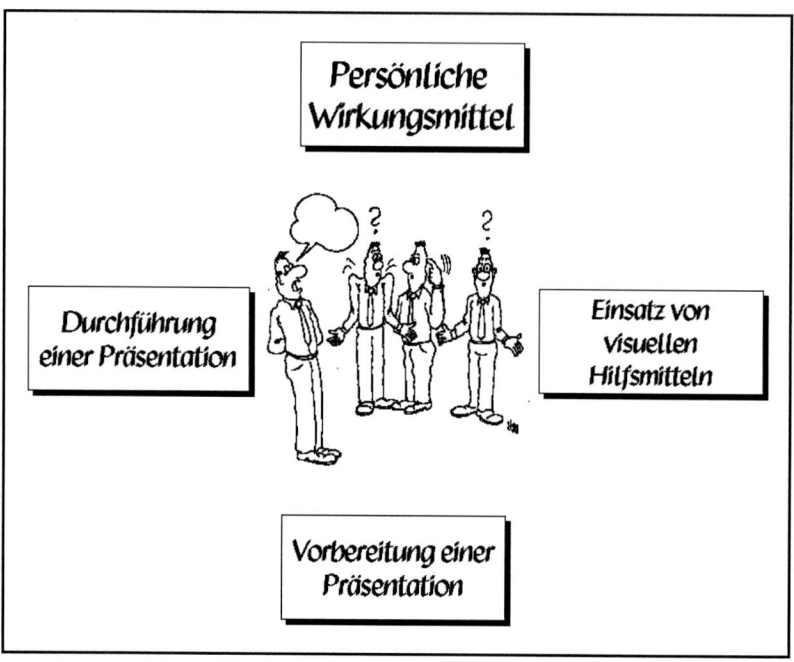

8.4.1 Persönliche Wirkungsmittel

Die Kenntnis der persönlichen Wirkungsmittel ist bedeutend für den Erfolg des eigenen Auftretens, sowohl im beruflichen als auch im privaten Bereich.

Zu den persönlichen Wirkungsmitteln zählen:

▶ Gestik
▶ Mimik
▶ Körperhaltung
▶ Gesichtsausdruck
▶ Sprache
▶ Tonfall
▶ Inhalt usw.

Die Glaubwürdigkeit einer Person hängt in hohem Maße von den Wirkungsmitteln Blickkontakt, Mimik und Tonfall ab. Zu diesem Ergebnis kam eine Untersuchung von Mehrabian & Ferris, in der Versuchspersonen den Gesamteindruck der Glaubwürdigkeit einer Person zu beurteilen hatten.

Für die Glaubwürdigkeit waren am wichtigsten:

▶ Inhalt der Aussage: 7 %
▶ Tonfall: 38 %
▶ Blickkontakt/Mimik: 55 %

Wenn Sie einen Vortrag oder eine Präsentation halten, sollten Sie auf folgende Wirkungspunkte achten (diese Checkliste kann auch zur Beurteilung von Präsentationen im Rahmen von Seminaren, Workshops usw. verwendet werden):

Beurteilungsblatt Präsentation

Kriterien:	Zielerreichungsgrad Minimum -> Maximum			
	1	2	3	4
1. Einstiegsmotivation, Aufhänger	☐	☐	☐	☐
2. Strukturierter Aufbau erkennbar	☐	☐	☐	☐
3. Argumentation mit Beispielen	☐	☐	☐	☐
4. Verwendung von bildhafter Sprache	☐	☐	☐	☐
5. Darstellung verständlich	☐	☐	☐	☐
6. Übereinstimmung von Redemenge und Inhalt	☐	☐	☐	☐
7. Kurze und klare Sätze	☐	☐	☐	☐
8. Pausen als Unterstreichung	☐	☐	☐	☐
9. Ausgewogener Blickkontakt	☐	☐	☐	☐
10. Engagement vorhanden	☐	☐	☐	☐
11. Sicherheit	☐	☐	☐	☐
12. Frei gesprochen	☐	☐	☐	☐
13. Natürliche Gestik und Mimik	☐	☐	☐	☐
14. Einhaltung der vorgegebenen Zeit	☐	☐	☐	☐
15. Vermeidung rhetorischer Unarten (äh, mh)	☐	☐	☐	☐
16. Darstellung von Zusammenhängen	☐	☐	☐	☐
17. Einsatz von Präsentationsmedien	☐	☐	☐	☐
18. Aktivierung der Gruppe zur Mitarbeit	☐	☐	☐	☐
19. Schlussappell	☐	☐	☐	☐
20. _____	☐	☐	☐	☐
21. _____	☐	☐	☐	☐
Gesamteindruck	☐	☐	☐	☐

8.4.2 Einsatz von visuellen Hilfsmitteln

»Ein Bild sagt mehr als tausend Worte« – Das ist nicht nur ein Sprichwort, sondern eine wahre Aussage, da die Wissensaufnahme des Menschen zu 78 % über das Auge erfolgt.

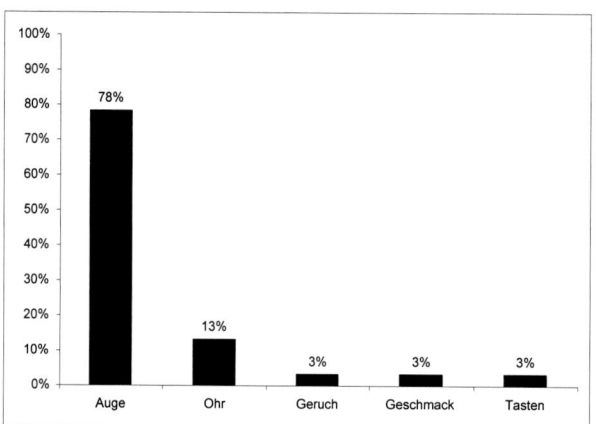

Der Behaltegrad einer Information steigt, wenn die Botschaft sowohl mit dem Ohr als auch mit dem Auge wahrgenommen wird.

Die Visualisierung von Informationen, egal welcher Art sie sind, bedeutet also, Inhalte nicht nur auszusprechen, sondern unmittelbar sichtbar zu machen, um den Behaltegrad zu steigern.

Weitere Vorteile der Visualisierung sind:
- ▶ Verkürzung des Redeaufwandes, Gewinnung von Zeit
- ▶ Vermeidung von Wiederholungen
- ▶ Informationen werden schnell erfassbar dargestellt
- ▶ Probleme können konkreter diskutiert werden
- ▶ Wesentliches wird von Unwesentlichem getrennt
- ▶ Ergebnisse und Meinungen werden sofort dargestellt
- ▶ Missverständnisse bei den Zuhörern werden vermieden
- ▶ Komplexe Sachverhalte können besser vermittelt werden
- ▶ Die rechte Gehirnhälfte wird konsequent genützt
- ▶ Behaltensleistungen werden erhöht
- ▶ Die Zuhörer identifizieren sich mit einem visuell dargestellten Ergebnis
- ▶ Jeder sieht seinen Beitrag und die Entstehung des Ergebnisses

Vorgangsweise bei der Visualisierung

Bei der Aufbereitung eines Themas sollten Sie nach dem Komprimierungsprinzip vorgehen. Zuerst sammeln Sie Stoff und selektieren die wichtigsten Informationen (was, wozu, für wen). Diese Informationen werden komprimiert, sodass die Kernaussage, das Problem usw. kurz und prägnant dargestellt werden kann. Zum Schluss steht die visuelle Aufbereitung dieser Informationen, wobei Sie überlegen sollten, welche Mittel und Darstellungsform sie zweckgerichtet einsetzen.

Regeln der Visualisierung:

einfach:
- Verwendung von verständlichem Deutsch
- Vermeidung von Fremdwörtern
- Formulierung in kurzen Sätzen
- Themenbereiche mit Oberbegriffen kennzeichnen
- Überforderung der Zuhörer vermeiden
- Keine Perfektion anstreben
- Bildreiche Aussagen formulieren
- Beispiele aus der Praxis bringen

knapp und prägnant:
- Wenig erklären – viel Nutzen geben
- Vorschläge machen, Für und Wider gegenüberstellen, Vor- und Nachteile aufzeigen
- Komplizierte Zusammenhänge vereinfachen
- Den Zuhörern »Aha-Erlebnisse« verschaffen
- Komplizierte Vorgänge in Grafiken umsetzen
- Schematische Übersichten schaffen

gegliedert:
- Ziele, Ausblicke, Zusammenfassung geben
- Gliederung in Stufen, Phasen, Blöcke, Gruppen, Segmente und Aufgaben
- Haupt- und Nebenpunkte bilden
- Nacheinander vorgestellte »Bilder« in ein »Gesamtbild« stellen
- Nicht zu viele Einzelideen aufstellen
- Inhalte nicht »zerstückeln«

Die wichtigsten und am häufigsten eingesetzten visuellen Hilfsmittel sind:
- Overhead-Projektor
- Flipchart
- Pinnwand
- Computer mit Beamer
- Videoanlage

Der Overhead-Projektor

Vorteile:
- Platz- und zeitsparend
- Muster, Texte, Grafiken usw. können effizient dargestellt werden
- Der Präsentierende steht zum Publikum gewandt
- Starke Vergrößerungsmöglichkeit
- Folien können vor und während der Präsentation erstellt werden
- Unterschiedliche Folientechniken erhöhen die Effizienz
- Zusammenfassungen und Wiederholungen sind jederzeit möglich
- Erstellung von Folienkopien ist einfach
- Leicht transportierbar

Nachteile:
- ▸ Der Präsentierende ist an einem Platz »angenagelt«
- ▸ Falscher Einsatz der Folientechnik vermindert wesentlich die Effizienz

Was ist beim Einsatz des Overhead-Projektors zu beachten?
- ▸ Projektionsfläche muss groß genug sein
- ▸ Möglichst kräftige Farben verwenden
- ▸ Vortragender darf dem Plenum nicht die Sicht versperren!
- ▸ Schrift muss groß genug und deutlich sein (normale Schriftgrößen wie auf Papier sind nicht geeignet)
- ▸ Groß- und Kleinbuchstaben verwenden, Druckschrift ist leichter lesbar als Schreibschrift
- ▸ Folientechnik

Folientechnik

Wie sollen Folien gestaltet werden?

einfach:
- – Einsichtige, unkomplizierte Darstellung, transparente Sätze, Bild unterstützt das Wort

übersichtlich:
- – Gegliedert, folgerichtig, gute Unterscheidung von Wesentlichem und Unwesentlichem, sichtbarer roter Faden

kurz:
- – Aufs Wesentliche beschränkt, knapp, aber nicht gedrängt

anregend:
- – Aufmerksamkeit erweckend, interessant, abwechslungsreich

Häufige Fehler beim Einsatz von Folien:
- ▸ Die Folien enthalten nur Text.
- ▸ Der Referent benutzt Folien nur, um sich das Leben zu erleichtern.
- ▸ Es werden keine Bilder benutzt.
- ▸ Es werden nur Großbuchstaben verwendet.
- ▸ Es werden keine Farben eingesetzt.
- ▸ Es werden zu viele Farben verwendet.
- ▸ Die Folie ist unübersichtlich.
- ▸ Die Folie wird verdeckt (nicht mit der Hand, mit einem Stift auf die Folie zeigen).
- ▸ Das Gerät bleibt andauernd eingeschaltet.

Das Flipchart

Vorteile:
- ▸ Leichter Transport
- ▸ Überall aufstellbar
- ▸ Große Schreibreserve
- ▸ Über lange Zeit eine Visualisierungshilfe
- ▸ Ideal für Brainstorming und sonstige aktivierende Lernmethoden

- ▸ Geeignet zum Entwickeln spezieller Lösungen, Argumente
- ▸ Bleibt stehen
- ▸ Starke Motivationswirkung
- ▸ Unterlagen können vorher vorbereitet oder während einer Präsentation entwickelt werden
- ▸ Nebeneinanderhängen mehrerer Charts ermöglicht Darstellung von Entwicklungsphasen

Nachteile:
- ▸ Format der Charts sehr klein
- ▸ Löschen nicht möglich
- ▸ Einteilung des vorhandenen Schriftraums bedarf Übung
- ▸ Schriftgröße
- ▸ Rücken zu den Teilnehmern

Die Pinnwand

Die Pinnwand wird sowohl zur Präsentation fertiger Ergebnisse als auch zur Moderation eingesetzt (Entwicklung, Bearbeitung und Darstellung von Gruppenabfragen, Problemlösungsprozessen, Meinungsumfragen). Sie ist geeignet, sehr viel Stoff in kurzer Zeit zu sammeln.

Vorteile:
- ▸ Ergebnis bleibt stehen
- ▸ Der Moderator arbeitet aktiv mit den Teilnehmern, alle sind eingebunden
- ▸ Das Zustandekommen eines Ergebnisses kann mitverfolgt werden
- ▸ Starke Motivationswirkung
- ▸ Beiträge der Teilnehmer können umgruppiert und strukturiert werden

Nachteile:
- ▸ Zeit- und platzaufwendig

Zur Anwendung der Kartenabfrage:

Der Moderator teilt an alle Teilnehmer Karten in der Größe eines Drittels von DIN A4 aus. Die Teilnehmer müssen nun zu einem bestimmten Thema, einer vorformulierten Frage etc., die an der Pinnwand zu visualisieren ist, in einer vorgegebenen Zeit Karten ausfüllen – beliebig viele oder eine bestimmte Anzahl.

Die Karten werden eingesammelt, gemischt und vom Moderator oder einem Teilnehmer, der dem Moderator hilft, gemeinsam mit den Teilnehmern an die Pinnwand geheftet. Dabei ist die Zuordnung zu bestimmten Gruppierungen den Teilnehmern überlassen. Das Ergebnis wird nun diskutiert, eventuell noch umgruppiert und die Gruppen werden mit Überschriften versehen.

Regeln für die Teilnehmer:
- – Groß- und Kleinschreibung verwenden
- – Schriftgröße lesbar wählen
- – Faserschreiber mit dunkler Farbe verwenden
- – Pro Karte nur ein Argument
- – Karten immer quer beschreiben
- – Schlagworte präzisieren

Regeln für den Moderator:
- Vorgehensweise erklären
- Thema an die Pinnwand schreiben (dicken Stift verwenden)
- Anzahl der zu beschriftenden Karten angeben
- Jede einzelne Karte vorlesen und deutlich im Plenum zeigen
- Einen Co-Moderator suchen
- Zur Entscheidung stellen: Karten gruppieren oder nicht
- Gruppierungen zusammen mit der Gruppe vornehmen
- Bei Karten, die nicht verständlich sind, fragen, was damit gemeint war
- Oberbegriffe für die Gruppen mit den Teilnehmern suchen
- Alle Karten an die Pinnwand, auch wenn sie doppelt sind (kein Teilnehmer darf ignoriert werden!)
- Doppelte Karten nicht übereinander hängen
- Keinen Kommentar zu den Karten abgeben
- Keine Fragen gelten lassen
- Moderator ist Leiter eines neutralen Prozesses
- Ergebnis zusammenfassen
- Beim Co-Moderator bedanken

Beamer

Mit dem Computer vorbereitete Präsentationen werden mit einem Beamer auf eine Wand oder Leinwand projiziert. Vor allem bei der Erklärung von Modellen, bei der Vorstellung von Produkten (Video-Schau auf PC) usw. einsetzbar.

Vorteile:
▶ Aha-Effekt
▶ Unterhaltungswert, erweckt Aufmerksamkeit
▶ Modelle können transparent und anwendungsorientiert dargestellt werden

Nachteile:
▶ Rasche Ermüdung der Teilnehmer
▶ Teuer in der Anschaffung

Die Video-Anlage

Video kann eingesetzt werden, um z. B. ein Unternehmen zu präsentieren (nach außen und innen), die Entwicklung von Produkten, Leistungen und Standorten darzustellen, den Kunden das Corporate Design näher zu bringen, aber auch zur Durchführung von Verhaltensschulungen (Schulungsfilme, Aufnahme und anschließende Analyse von Lernsituationen wie z. B. Verkaufsgespräch, Mitarbeitergespräch, Teamverhalten).

Vorteile:
▶ Verständnis kann durch Sehen und Hören wesentlich gesteigert werden
▶ Eine gute Abfolge der Bilder wirkt motivierend
▶ Mit gekonnten Effekten sind komplexe Situationen einfacher und wirksam darzustellen
▶ Flexible Einsatzmöglichkeit

- ▸ Bei Verhaltensschulungen: Feedback-Möglichkeit über die Wirkung und Durchführung bestimmter Lernsituationen

Nachteile:
- ▸ Kosten der Anlage
- ▸ Begrenzte Bildfläche (außer bei Einsatz eines Großprojektors)
- ▸ Aufwendige Entwicklung z. B. einer Firmenpräsentation

8.4.3 Vorbereitung einer Präsentation

Die gründliche Vorbereitung einer Präsentation garantiert:
- ▸ Mehr Informationen, Detailwissen
- ▸ Die Chance auf einen störungsfreien Ablauf
- ▸ Mehr persönliche Klarheit
- ▸ Größere Sicherheit im Auftreten
- ▸ Die Möglichkeit zu gezielter Visualisierung
- ▸ Das Vorhandensein von eventuell benötigten Materialien

Eine gute Vorbereitung macht zwar noch keine erfolgreiche Präsentation aus, aber eine schlechte Vorbereitung kann eine Präsentation zum Scheitern verurteilen.

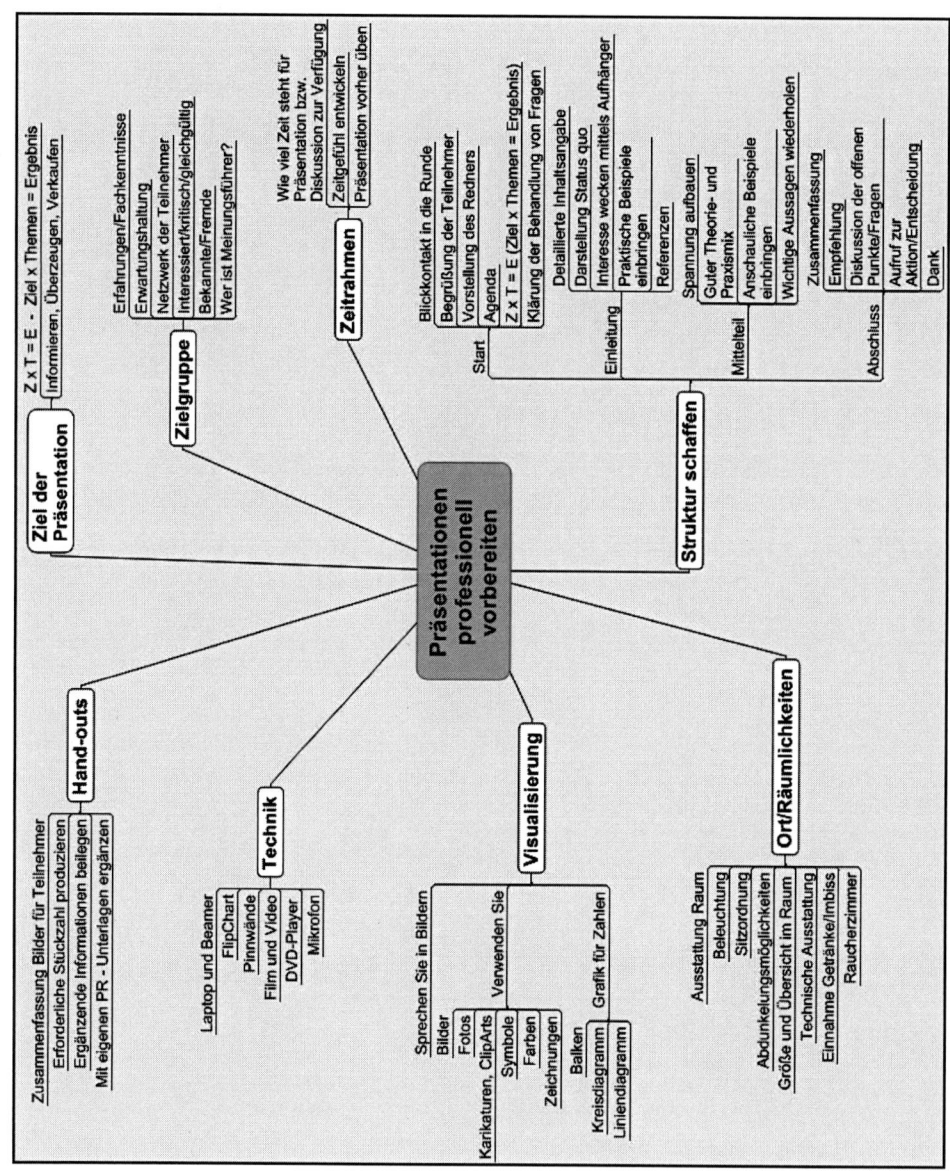

Bezogen auf den Inhalt Ihrer Präsentation sollten Sie sich überlegen:

Was ist Ihr Ziel?
- ▸ Was genau wollen Sie erreichen?
- ▸ Woran erkennen Sie, dass Sie dieses Ziel erreicht haben?
- ▸ Schreiben Sie es auf und lesen Sie es immer wieder durch.

Wer ist Ihre Zielgruppe?
- ▸ Wen sprechen Sie an?
- ▸ Kennen Sie die Motive Ihrer Zuhörer?
- ▸ Interessiert eher das technische Detail, der Nutzen usw.?
- ▸ Wie viele Personen umfasst die Zielgruppe?

Was sind Ihre Werte (bzw. Werte Ihres Unternehmens)?
- ▸ Wie wollen Sie wirken?
- ▸ Überprüfen Sie Ihre Inhalte, Ihr Auftreten, Ihre Wortwahl in Bezug auf Ihre Werte und die Erwartungen der Zielgruppe.
- ▸ Holen Sie sich zu diesem Thema Feedback von Kollegen oder Vorgesetzten.

Was ist der Inhalt?
- ▸ Machen Sie ein Brainstorming.
- ▸ Fragen Sie Kollegen.
- ▸ Erstellen Sie ein Mindmap zur Präsentation.
- ▸ Gliedern Sie klar: Begrüßung, Einleitung, Übersicht, Inhalte, Fazit/Schlussbetrachtung, Verabschiedung.
- ▸ Weniger ist oft mehr.

Vorbereitung der Einleitung

Am Beginn jeder Veranstaltung steht die Begrüßung der Teilnehmer. Diese Begrüßung kann je nach Teilnehmerkreis sachlich oder persönlich sein. Machen Sie sich schon vorab Gedanken, wie Sie Ihre eigene Person vorstellen wollen.

Auch wenn die Teilnehmer ohnedies wissen sollten, worum es geht und warum sie anwesend sind, fassen Sie Anlass, Thema und Ziel der Veranstaltung noch einmal zusammen.

Anschließend geben Sie den genauen »Fahrplan« bekannt. Darunter fallen die Hauptgliederungspunkte der Präsentation und der zeitliche Ablauf mit Pauseneinteilung.

Um die Bereitschaft der Teilnehmer zum Zuhören zu wecken, müssen Sie sie nun auf das Thema einstimmen. Dies können Sie erreichen durch:

- ▸ Provozieren, Aufstellen von kuriosen Thesen
- ▸ Fragen stellen – persönliche Betroffenheit aufzeigen (das geht auch den Zuhörer etwas an)
- ▸ Persönlichen Nutzen aufzeigen (was hat der Teilnehmer davon?)

Denken Sie auch daran, die einzelnen Punkte der Einleitung zu visualisieren (durch vorbereitete Pinnwand, Flipcharts usw.).

Vorbereitung des Hauptteils

Im Hauptteil einer Präsentation wird das Thema systematisch vorgestellt. Dabei sollten Sie in Ihrem Konzept Haupt- und Unterpunkte bilden. Die Argumentation ist logisch und für die Teilnehmer nachvollziehbar aufzubauen.

Ein wichtiger Faktor besteht darin zu überlegen, wie viel Stoff die Zuhörer in einer bestimmten Zeit aufnehmen können. Denken Sie an die Aussage: Weniger ist oft mehr!

Um die Konzentration und Aufmerksamkeit der Zuhörer aufrechtzuerhalten, können Sie:

- ▸ Fragen stellen
- ▸ Inhalte visualisieren
- ▸ Unterschiedliche Medien einsetzen
- ▸ Pausen einlegen
- ▸ Den Stoff in kurze Abschnitte gliedern
- ▸ Die Präsentation zu zweit durchführen

Am Ende des Hauptteils steht die kurze Zusammenfassung der wesentlichsten Inhalte. Diese Zusammenfassung können Sie vorab vorbereiten, indem Sie z. B. schon fertige Plakate visualisieren oder zum Teil fertiggestellte Plakate in der Präsentation ergänzen.

Vorbereitung des Schlussteils

Der Abschluss einer Präsentation ist ein sehr wichtiger Bestandteil, denn: »Der erste Eindruck ist entscheidend und der letzte bleibt.«

Ein eindringlicher Appell ist angebracht, wenn die Teilnehmer im Anschluss an die Präsentation zu konkretem Handeln veranlasst werden sollen – überlegen Sie sich Ihre Wortwahl.

An die Präsentation kann sich auch eine Diskussion anschließen, die ebenso vorüberlegt werden sollte hinsichtlich:

- ▸ der Eröffnungsfrage,
- ▸ der zu erwartenden Fragen oder Widerstände und
- ▸ Ihrer Argumentation.

Die Veranstaltung wird mit dem Dank an die Teilnehmer für ihr Kommen mit einem Gruß abgeschlossen.

8.4.4 Durchführung einer Präsentation

Der Erfolg einer Präsentation hängt ganz entscheidend vom Präsentierenden ab, nämlich von seinem Vermögen, den Teilnehmerkreis sowohl fachlich zu überzeugen als auch für sich als Person einzunehmen.

Im Folgenden werden nun einige Verhaltenstipps gegeben und eventuelle Störungen behandelt.

Einleitung

▸ Achten Sie auf ein gepflegtes Äußeres.

▸ Stimmen Sie sich positiv ein.

▸ Beginnen Sie pünktlich.

▸ Nehmen Sie Blickkontakt zu den Zuhörern auf, bevor Sie zu sprechen beginnen.

▸ Wählen Sie für den Blickkontakt jemanden, der Ihnen vertraut ist. Das gibt zusätzliche Sicherheit.

▸ Beginnen Sie laut und deutlich zu sprechen.

▸ Lehnen Sie sich nirgends an, gehen Sie nicht hin und her.

Mögliche Störungen:	Behandlung:
Teilnehmer kommen zu spät	▸ Lassen Sie sich nicht aus der Ruhe bringen ▸ Eine kurze Begrüßung durch Blickkontakt ist ausreichend
Teilnehmer stellen Fragen	▸ Fragen zu Ablauf, Thema, Inhalt beantworten Sie sofort; Fragen, die an dieser Stelle unangemessen oder störend sind, stellen Sie durch einen freundlichen Verweis auf später zurück

Hauptteil

▸ Geben Sie einen Überblick über diesen Teil der Präsentation (eventuell Visualisierung).

▸ Sprechen Sie frei, verwenden Sie Ihr Manuskript nur als Unterstützung.

▸ Bilden Sie kurze, verständliche Sätze.

▸ Reden Sie nicht zu schnell.

▸ Nehmen Sie immer wieder Blickkontakt auf.

▸ Variieren Sie Lautstärke, Sprechtempo und Stimmlage, um Aufmerksamkeit zu erwecken.

▸ Stellen Sie sich auf Ihren Teilnehmerkreis ein; sprechen Sie also auch im Dialekt.

▸ Sprechen Sie »ich-bezogen«, d. h. nicht mit »man«, »würde«, »glaube«.

▸ »Sie«-Formulierungen beziehen das Publikum mit ein.

▸ Sprechen Sie in Bildern und Metaphern, benutzen Sie Beispiele und Vergleiche.

▸ Setzen Sie Ihre Gestik gezielt ein.

▸ Verwenden Sie Filzstifte, Zeigestab usw. nur zum Zeigen, nicht zum Spielen.

▸ Schalten Sie Beamer oder Projektor aus, wenn sie nicht gerade benötigt werden.

▸ Folien sollen eine Präsentation unterstützen und nicht dominieren.

▸ Gliedern Sie Ihren Vortrag mit (rhetorischen) Fragen, um die Aufmerksamkeit zu aktivieren.

▸ Verwenden Sie ein durchgängiges Layout (Corporate Design).

Mögliche Störungen:	Behandlung:
Sie versprechen sich	▸ Fahren Sie fort bzw. korrigieren Sie sich, um Missverständnisse zu vermeiden ▸ Keine Entschuldigung
Teilnehmer stellen Fragen	▸ Auf Verständnisfragen eingehen, da Ihre Ausführungen möglicherweise nicht für alle gleichermaßen verständlich waren ▸ Nicht zum Thema gehörende Fragen mit dem Hinweis zurückstellen, dass sie an entsprechender Stelle behandelt werden
Teilnehmer unterhalten sich	▸ Versuchen, durch Blickkontakt die Aufmerksamkeit der Teilnehmer zurückzugewinnen oder die Störung ansprechen (»Ist Ihre Diskussion für alle interessant? Sollten wir jetzt darüber sprechen?«)
Killerphrasen der Teilnehmer (»In der Praxis ist das unmöglich!«)	▸ Nicht direkt darauf eingehen, wenn es um keinen sachlichen Beitrag geht, oder: »Was müssten wir unternehmen, damit es doch geht?«

Schlussteil

▸ Fassen Sie die wesentlichen Punkte noch einmal kurz zusammen.
▸ Fordern Sie die Teilnehmer mit einem Appell zum konkreten Tun auf.
▸ Bieten Sie konkrete Unterstützung an.
▸ Richten Sie Ihren persönlichen Dank an die Teilnehmer.
▸ Für eine abschließende Diskussion legen Sie Zielsetzung und Zeitrahmen fest und übergeben eventuell an einen Diskussionsleiter.

Mögliche Störungen:	Behandlung:
Unsachliche Beiträge in der Diskussion	▸ Als Diskussionsleiter jeden Beitrag ernst nehmen ▸ Nachfragen, was der Teilnehmer wirklich will ▸ Bleiben Sie sachlich, auch wenn Sie sich persönlich angegriffen fühlen
Teilnehmer drängt sich in den Vordergrund	▸ Beziehen Sie weitere Teilnehmer mit ein, indem Sie Fragen stellen (»Was halten die anderen davon?«, »Ist dieser Beitrag für alle interessant?«)

8.4.5 Tipps für die Nachbearbeitung einer Präsentation

Lassen Sie eine Präsentation, die abgeschlossen ist, an Ihrem inneren Auge vorüberziehen und stellen Sie sich folgende Fragen:

▸ Haben Sie das vorgegebene Ziel erreicht? Wenn nicht, was war schuld daran?
▸ Hat die inhaltliche Aufbereitung mit den Anforderungen der Zielgruppe übereingestimmt?
▸ Konnte der Ablauf planmäßig durchgeführt werden oder mussten Sie Änderungen vornehmen?

- ▸ Wie ist die Einleitung angekommen? (zu lang, zu unübersichtlich usw.)
- ▸ Gab es im Hauptteil kritische Situationen? Wenn ja, wie haben Sie sie gemeistert? Was müssen Sie das nächste Mal beachten?
- ▸ Wie hat die Organisation funktioniert?
- ▸ Gab es Pannen beim Medieneinsatz? Waren die Medien für die inhaltliche Darstellung richtig gewählt?
- ▸ Wie war die Beziehung zwischen Ihnen als Präsentierendem und den Teilnehmern?

Die Beantwortung dieser Fragen soll helfen, Ihre nächste Präsentation noch erfolgreicher zu machen.

8.5 Durchsetzungsvermögen

Sich erfolgreich durchsetzen

Eine Hauptaufgabe jeder Führungskraft ist, geplante Strategien zur Zielerreichung durch- und umzusetzen.

Durchsetzungsvermögen zu haben bedeutet nicht, aggressiv zu sein. Die Balance zwischen Überzeugung und Durchsetzung hängt von den jeweiligen Einflussmöglichkeiten und vom dosierten Einsatz von Macht (aus der Führungshierarchie heraus) ab.

Daraus ergibt sich folgendes Bild:

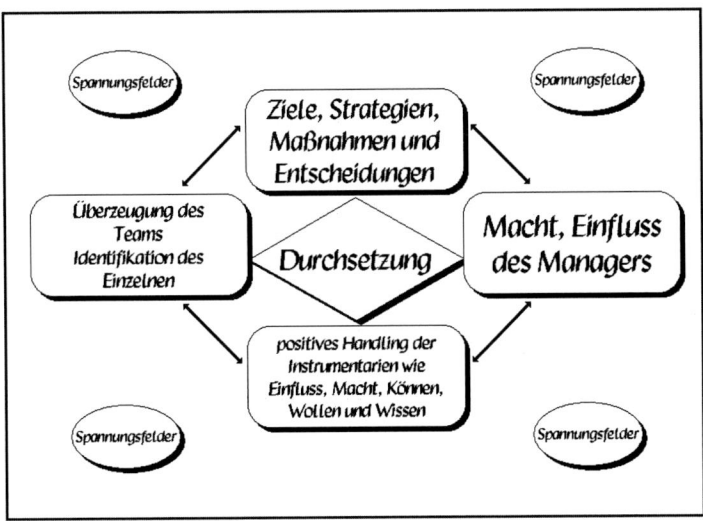

Ein Manager wirkt bei der Durchsetzung von Entscheidungen, Maßnahmen usw. aggressiv, wenn er:

▶ Entscheidungen selbstständig trifft ohne ausführliche Information und Einbeziehung des Teams
▶ In hartem Ton deren Umsetzung verlangt
▶ Autoritäre Anweisungen erteilt
▶ Dem Einzelnen »auf den Pelz« rückt
▶ Gefühlsgeladen reagiert
▶ Verständnisfragen nicht akzeptiert
▶ Schnell von der Entscheidung bzw. Anweisung ablenkt
▶ Mangelhaftes Selbstbewusstsein durch Lautstärke und Auftreten überspielt
▶ Mit unterschiedlichen Ansichten nicht fertig wird
▶ Keine Kompromisslösung duldet

Wie kann auf das Durchsetzungsvermögen Einfluss genommen werden?
▶ Klare Entscheidungen treffen
▶ Für verständnisvolle Umsetzung sorgen
▶ Team mit einbeziehen
▶ Aufgaben und Verantwortung delegieren
▶ Identifikation schaffen
▶ Selbstbewusstsein aufbauen
▶ Feedback geben und nehmen
▶ Auswirkungen und Widerstände von Entscheidungen vorab klären
▶ Aktive Weiterbildung betreiben
▶ Meinung des Umfeldes (Vorgesetzte, Mitarbeiter, Kunden) zur Entscheidungsfindung einholen

Chancen und Gefahren beim Durchsetzungsvermögen liegen sehr eng beieinander. Es wird jener Manager erfolgreich sein, der beim Treffen von Entscheidungen auf seine innere Stimme hört. 95 % aller Entscheidungen werden aus dem »Bauch heraus« getroffen.

Wenn Sie von etwas überzeugt sind, dann übertragen Sie diese Überzeugung auf das Team und die Mitarbeiter. Zweifeln Sie an Ihrer Entscheidung, so suchen Sie ein klärendes Gespräch oder holen Sie weitere Informationen ein. Jede Entscheidung, die Sie hinausschieben, verhindert das Entstehen von neuen Ideen und Situationen.

8.6 Probleme lösen

Vom Problem zur Lösung

»Es gibt keine Probleme, sondern nur Chancen« – manche mögen darüber lächeln, viele sollten sich diese Aussage zu Herzen nehmen. Eine positive Grundeinstellung und nicht bereits das »Abwürgen« neuer Ideen und Möglichkeiten schon von vornherein (»Das geht nicht, weil ...«) könnte viele Unternehmen und Manager heute besser dastehen lassen, als es der Fall ist. Leider wird oft mehr Zeit und Energie investiert, um zu begründen, warum etwas nicht geht, anstatt sofort nach den Lösungen zu suchen und sich auf etwas Neues einzulassen.

Jede Führungskraft sollte daher die wichtigsten Schritte zur Lösung von Problemen beherrschen. Diese lassen sich wie folgt zusammenfassen:

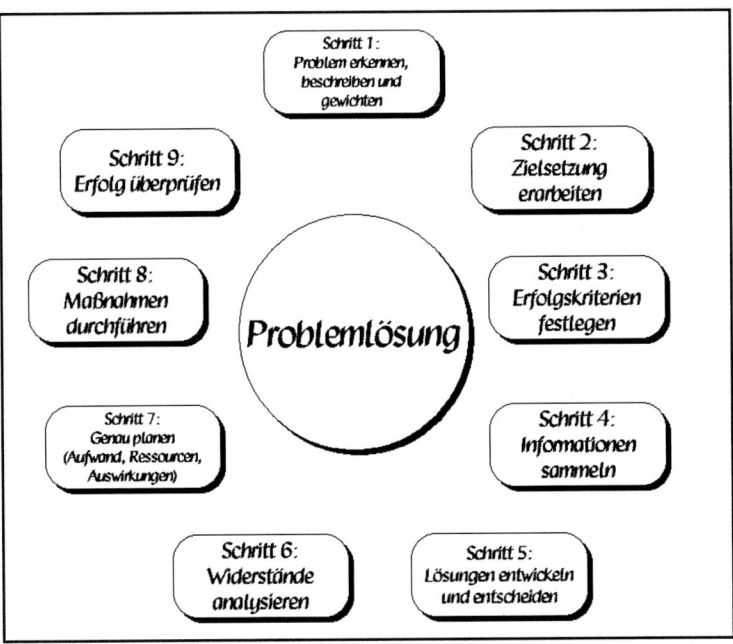

1. Das Problem erkennen und beschreiben

Ein Problem liegt immer dann vor, wenn ein vorgegebenes Ziel, ein Standard oder eine Norm nicht oder nicht im gewünschten Ausmaß erreicht werden. Bei der Beschreibung des Problems sollten zwei Zustände berücksichtigt werden: das »Ist« und das »Ist nicht«. Dabei geht man nach den vier Grundfragen Was? – Wo? – Wann? – Wie viel? vor.

Durch die Frage nach dem »Was?« werden das betroffene Objekt, die Problematik, der Fehler usw. erfasst. Das »Wo« bezieht sich auf die Lage des Problems, nicht nur geografisch gesehen. Durch »Wann« werden Zeitpunkt oder Zeitraum des Auftretens des Problems erfasst. Die Frage nach dem »Wie viel« gibt die Häufigkeit und den Umfang des Auftretens des Problems an.

Durch die Beantwortung dieser vier Fragen werden die Symptome des Problems deutlich beschrieben. Die Beschreibung des »Ist nicht« kennzeichnet den an das Problem angrenzenden Bereich, der von der Abweichung auch betroffen hätte sein können, es aber nicht ist. Dies bringt zwei große Vorteile mit sich: Der betroffene Bereich kann schärfer abgegrenzt werden und denkbare Ursachen des Problems können ausgeschaltet werden, wenn sie auch für den »Ist-nicht«-Bereich zutreffen.

Wesentlich für die Problembeschreibung ist es, sich nur an vorhandene Fakten zu halten und Tatsachen von Meinungen zu unterscheiden.

2. Zielsetzung erarbeiten

Mit den Zielen werden die erwünschten Ergebnisse der Problemlösung formuliert (Soll-Zustand). Ziele sollten gemeinsam und so genau wie möglich vereinbart werden.

3. Erfolgskriterien festlegen

Um eine Problemlösung hinsichtlich ihres Erfolges überhaupt bewerten zu können, müssen Kriterien festgelegt werden, anhand derer die Zielerreichung gemessen werden kann.

4. Informationen sammeln

Nachdem das Problem erkannt und beschrieben wurde, Ziele und deren Erfolgskriterien definiert wurden, sind umfassende Informationen zu Ursachen und Lösungsmöglichkeiten des Problems zu sammeln.

Nach der Beschreibung des »Ist«- und des »Ist-nicht«-Zustandes sind Besonderheiten zwischen den beiden Zuständen zu ermitteln. Gäbe es keine Unterschiede, so müsste das Problem ja auch beim »Ist-nicht« auftreten. Mit dem Auffinden dieser Besonderheiten ist der Bereich fixiert, in dem die Ursache zu finden ist.

Die Ursachen sind daraufhin zu prüfen, ob sie das Problem auch wirklich hervorgerufen haben. Ist der Beweis erbracht, dass eine oder mehrere Ursachen für das Problem verantwortlich sind, werden als Nächstes Lösungsansätze gesucht. Ausgehend von den Zielvorstellungen werden Möglichkeiten zusammengetragen, die aus Erfahrung, logischer Einsicht, vergleichbaren Problemstellungen usw. infrage kommen. Sollen neue, unkonventionelle Lösungen gefunden werden, so werden zur Lösungssuche Kreativitätstechniken eingesetzt.

5. Lösungen entwickeln und entscheiden

Bei den infrage kommenden Lösungsmöglichkeiten kann man unterscheiden zwischen:

▶ *Vorläufigen Lösungen*
  - tragen dazu bei, Zeit zu gewinnen
  - ohne die Ursachen auszuschalten, mildert man die negativen Auswirkungen

▶ *Anpassenden Lösungen*
  - auf eine Änderung der Bedingungen kann kein Einfluss genommen werden
  - Auswirkungen sind zu mildern bzw. neue Ziele anzustreben

▶ *Abstellenden Lösungen*
  - beseitigen die Ursache einer Abweichung und stellen den angestrebten Soll-Zustand wieder her

Vor der Entscheidung für eine Lösung sind die aufbereiteten Informationen aus Schritt 4 zusammenzutragen und zu verdichten. Aus den Lösungsmöglichkeiten erfolgt eine grobe Vorauswahl, die nach folgenden Kriterien erfolgt:

- Erfüllen die Lösungsvarianten die Muss-Ziele, also die unerlässlichen Zielvorstellungen?
- Verstoßen die Varianten gegen zwingende Nebenbedingungen (Rahmenvorschriften, gesetzliche Vorschriften usw.)?

Die übrig gebliebenen Lösungsalternativen sind zu bewerten, wobei z. B. folgende Verfahren eingesetzt werden können:

- Verbale Bewertung durch Aufzählung von Vor- und Nachteilen der Alternativen
- Kostenvergleiche, Gewinn- und Rentabilitätsvergleiche zur Bewertung quantitativer Lösungskriterien
- Simulation: Komplexe Fragestellungen werden vorausberechnet, z. B. Planung für die nächsten Jahre
- Punktbewertungsverfahren
  Diese eignen sich für alle Maßnahmen, wo neben finanziellen Kosten und Leistungen auch qualitative Vor- und Nachteile zu beachten sind. Nur selten sind Lösungen ausschließlich einer quantitativen Bewertung zugänglich. Zunächst werden die Ziele ermittelt, d. h. jene Kriterien, die eine erfolgreiche Lösung erfüllen soll. Diese Kriterien werden in Muss- und Kann-Kriterien aufgeteilt und gewichtet. Bei den einzelnen Lösungsvarianten wird jedes Kann-Kriterium mit Punkten bewertet und anschließend aus Punkten und Gewichtung ein Gesamtergebnis pro Lösungsvariante errechnet. Somit ist eine begründbare Entscheidungsfindung möglich.
- Nutzwertanalyse
  Die Lösungsvarianten werden hinsichtlich ihrer Wirksamkeit, der zeitlichen Umsetzung und der Kosten bewertet.

6. Widerstände analysieren

Ist die Entscheidung für eine Lösung gefallen, so sollte gleich überlegt werden, welche Widerstände bei der Umsetzung auftreten können, in welchen Bereichen, bei welchen Personen, in welchem Ausmaß. Zu diesen möglichen Widerständen sind Maßnahmen zu deren Beseitigung zu überlegen, die vor allem eine gründliche Information und Begründung der Notwendigkeit beinhalten. Der Führungsgrundsatz »Betroffene zu Beteiligten machen« ist am wirksamsten, wenn neue Lösungen umgesetzt werden sollen.

7. Genau planen

Zur Durchführung der getroffenen Entscheidung ist ein genauer Aktivitätenplan notwendig:

- Was muss getan werden?
- Wer ist verantwortlich oder muss einbezogen werden?
- Wann muss es getan werden?
- Wie muss es getan werden?
- Wo muss es getan werden?
- Was müssen wir tun, damit es auch tatsächlich greift?
- Wie wollen wir den Fortschritt kontrollieren?

8. Maßnahmen durchführen

Die Qualität der Durchführung hängt in hohem Maße von der bisherigen Vorbereitung und der Qualität der Entscheidungsfindung ab.

9. Erfolg überprüfen

Der letzte Schritt eines systematischen Problemlösungsverfahrens muss sein, den Erfolg oder Misserfolg der Problemlösung zu überprüfen, um aus den Erfahrungen zu lernen und es in Zukunft besser und anders zu machen. Kontrollmechanismen sind zu konkretisieren.

8.7 Mit der Zeit richtig umgehen

Zeit ist das wertvollste Gut, das wir besitzen. Zeit ist wichtig. Jeder hat gleich viel davon zur Verfügung. Es wird enorm viel über Zeit geschrieben, doch kaum jemand schafft es, seine Zeit zufriedenstellend einzuteilen. Zeitmanagement bedeutet, seine eigene Zeit und die Aufgaben zu beherrschen, anstatt von ihnen beherrscht zu werden. Nehmen Sie sich daher Zeit für eine ordentliche Zeitplanung!

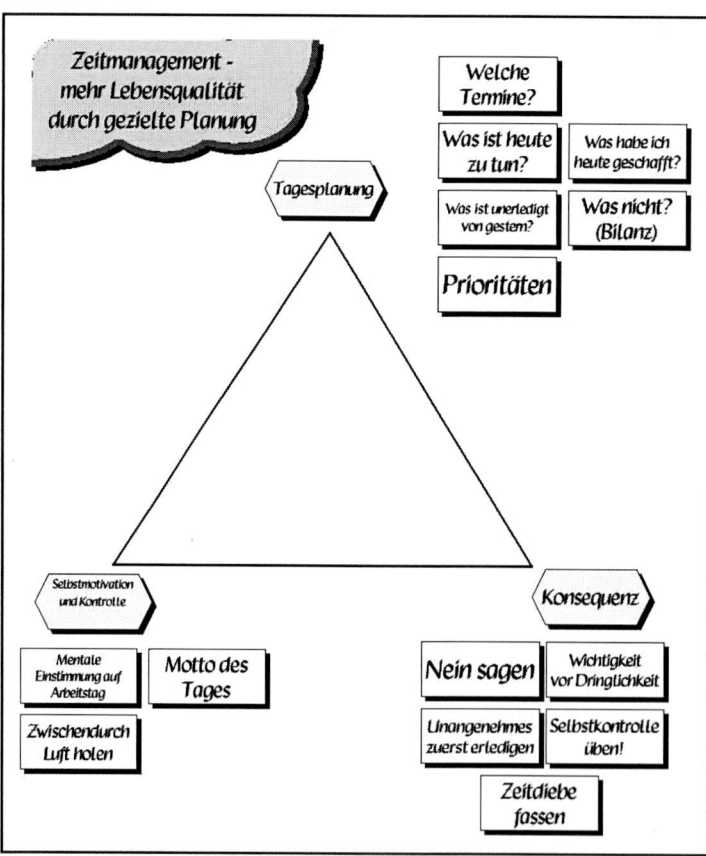

Was gehört alles zum Zeitmanagement?

Ziele definieren

Bevor Sie Ihre Zeit planen, müssen Sie wissen, was Sie erreichen wollen oder müssen. Nur eindeutige Zielsetzungen und Kontrollen der Zielerreichung führen zum Erfolg. Konzentrieren Sie sich nicht auf zu viele nebensächliche Probleme und Aufgaben, sondern auf die wenigen wirklich wichtigen Tätigkeiten. Nach dem Pareto-Prinzip (80:20-Regel) erbringen bereits 20 % der richtig eingesetzten Zeit 80 % des Ergebnisses (20 % der Kunden bringen 80 % des Umsatzes, 20 % der Besprechungszeit bringen 80 % der Ergebnisse usw.).

Legen Sie diese 80:20-Formel auf ihren Aufgabenbereich um und versehen Sie Aufgaben, die am meisten zur Zielerreichung beitragen, mit der höchsten Priorität.

Schriftlich planen

Je besser Sie Ihre Zeit einteilen, desto besser können Sie sie für Ihre persönliche Zielverwirklichung, beruflich wie privat, nutzen. Planen Sie Ihre Zeit schriftlich, denn Sie können im Kopf keinen Überblick bewahren. Der Zeitaufwand für die schriftliche Planung wird durch die Zeitersparnis bei der Durchführung aufgehoben, da Sie bei der schriftlichen Planung mehr Überblick und Klarheit gewinnen, Prioritäten setzen und sich selbst motivieren. Sie entlasten dabei auch Ihr Gehirn und können Ihre Freizeit besser genießen.

Kontrollieren Sie Ihre Tagesergebnisse und übertragen Sie sie auf den nächsten oder einen anderen Tag, dann geht Ihnen Unerledigtes nicht verloren.

Versuchen Sie den Zeitbedarf und auch Störzeiten gut einzuschätzen, planen Sie Pufferzeiten für Unvorhergesehenes ein.

Prioritäten setzen

Viele Führungskräfte neigen dazu, sich aufgrund der Vielfalt ihrer Aufgaben zu verzetteln. Wichtige Dinge bleiben dann oft liegen oder sind nicht fertig. Legen Sie daher eindeutige Prioritäten fest und halten Sie sich daran.

Eine Möglichkeit, Aufgaben nach Prioritäten zu gliedern, ist die ABC-Klassifizierung:

- ▶ A-Aufgaben sind die wichtigsten Aufgaben einer Führungskraft. Sie können nur von der Führungskraft durchgeführt werden und sind nicht delegierbar.
- ▶ B-Aufgaben sind durchschnittlich wichtige Aufgaben und können auch delegiert werden.
- ▶ C-Aufgaben sind Aufgaben, die mit jeder Funktion verknüpft sind, wenig Bedeutung für die Funktion an sich haben, aber den größten Anteil an der täglichen Arbeit einnehmen (Telefonate, Korrespondenz, Routinearbeiten, Papierkram usw.).

Prioritäten setzen heißt nun, all diese Aktivitäten in eine ausgewogene Relation bei der Tagesarbeit zu bringen, um sich auf die wesentlichen Dinge zu konzentrieren. Sie sollten Ihre Tagesarbeitszeit für nur ein bis zwei A-Aufgaben (ca. die Hälfte der täglichen Arbeitszeit) verwenden, zwei bis drei B-Aufgaben ($1/3$ der täglichen Arbeitszeit) durchführen und den Rest für C-Aufgaben aufwenden.

Eine weitere Möglichkeit ist die Klassifizierung in Muss-, Soll- und Kann-Aufgaben. Oder Sie klassifizieren Aufgaben nach Wichtigkeit und Dringlichkeit:

- ▸ Was ist wichtig und dringend? – 1. Priorität
- ▸ Was ist dringend, aber nicht wichtig? – 2. Priorität oder delegieren
- ▸ Was ist wichtig, aber nicht dringend? – 3. Priorität
- ▸ Was ist weder wichtig noch dringend? – keine Priorität

Zwei Schlüsselfragen helfen Ihnen, Prioritäten rascher zu setzen:

- ▸ Welche Aufgabe bringt mich jetzt meinen Zielen einen Schritt näher?

Damit weichen Sie bei der Aufgabenerledigung nicht von den Zielen ab, vorausgesetzt, Sie haben Ihre Ziele übersichtlich in Einzelaktivitäten aufgeteilt.

- ▸ Bei welcher Aufgabe steht das meiste Geld auf dem Spiel?

Damit trennen Sie rasch die Spreu vom Weizen und konzentrieren sich auf das wirklich Wichtige.

Zeitdiebe erkennen

Jede noch so gute Planung ist sinnlos, wenn sie nicht mit Konsequenz, Disziplin und Kontrolle in die Realität umgesetzt wird. Doch jeder weiß, dass im Tagesverlauf vieles hereinkommt und passiert, sodass alles anders verläuft als erwartet. Es sind aber nicht immer nur die anderen schuld, Sie selbst sollten analysieren, wo Sie sich gerne verzetteln, ablenken lassen und Zeit verlieren.

Störfaktoren für die eigentliche Arbeit	Ausprägung	Maßnahmen dagegen
Telefonate	▸ Dauern zu lange ▸ Es wird zu oft nachgefragt	▸ Ausgehende Telefonate vorbereiten: was will ich erreichen, was muss ich fragen, welche Einwände können kommen, wie kann ich argumentieren ▸ Eigene Gesprächsdisziplin entwickeln ▸ Auf den Punkt kommen ▸ Informations- und Kommunikationsverhalten überprüfen
Besuche	▸ Von extern oder intern, ohne Voranmeldung	▸ Extern: aufs Wesentliche und Notwendige beschränken ▸ Intern: bekannt geben, wann man nicht gestört werden will oder fixe »offene Tür« einführen (täglich von 11 bis 12 Uhr für alle da)

Störfaktoren für die eigentliche Arbeit	Ausprägung	Maßnahmen dagegen
Besprechungen	▸ Dauern zu lange ▸ Finden zu oft statt ▸ Bringen unbefriedigende Ergebnisse	▸ Besprechungen planen (Zielsetzung) ▸ Besprechungskultur einführen ▸ Einer moderiert und ist verantwortlich, dass Ergebnisse zustande kommen
Aufschieben von Aufgaben	▸ Unangenehme und langwierige Aufgaben werden vor sich hergeschoben ▸ Man ist nicht wirklich frei für andere Arbeiten ▸ Motivation wird gehemmt	▸ Mehr Selbstdisziplin ▸ Schriftliche Planung einhalten
Prioritäten fehlen	▸ Zu viele Aufgaben auf einmal erledigen wollen ▸ Zu viel Kleinkram	▸ Z. B. ABC-Analyse der Aufgaben ▸ Planen und einhalten ▸ Delegieren
Termindruck	▸ Man hat sich zu viel vorgenommen ▸ Es kommt immer etwas dazwischen	▸ Schriftliche Planung einhalten ▸ Prioritäten setzen
Papierkram	▸ Keine Übersicht und Ordnung ▸ Überfüllter Schreibtisch ▸ Kein Ablagesystem	▸ Ablagesystem hinterfragen ▸ Papier nach Prioritäten ordnen ▸ Unwichtiges gleich wegwerfen
Nicht Nein sagen können	▸ Reagieren, wie und wann es andere wollen	▸ Lernen: man muss nicht alles selbst tun und jederzeit für alle erreichbar sein
Delegation klappt nicht	▸ Man gibt zu wenig ab ▸ Man delegiert so schlecht, dass Mitarbeiter wieder zurückdelegieren oder zu oft nachfragen kommen	▸ Bessere Information der Mitarbeiter ▸ Gleich Verständnis abfragen ▸ Was brauchen Sie noch dazu? ▸ Rückdelegation nicht zulassen
Zu wenig Selbstdisziplin	▸ Man verfällt immer wieder in die gleichen Fehler ▸ Zu bequem ▸ Man lässt geschehen	▸ Sich an der Nase nehmen ▸ Nur ein oder zwei Dinge vornehmen, die man wirklich einhalten will

Leistungskurve beachten

Jeder Mensch hat seinen natürlichen Tages-Biorhythmus: Zeiten, in denen man aktiver und leistungsfähiger ist als zu anderen Zeiten. Legen Sie wichtige Arbeiten in die Tagesphasen, zu denen Sie am leistungsfähigsten sind. Bei den meisten Menschen ist dies der Vormittag, an dem man noch nicht müde und zu beansprucht ist.

Pausen einlegen

Planen Sie kurze Pausen ein und wenden Sie Entspannungstechniken an. Fünf bis zehn Minuten reichen oft, um wieder aktiv weitermachen zu können. Oder versuchen Sie Sperrzeiten einzurichten (z. B. täglich von 13 bis 14 Uhr), zu denen Sie nicht gestört werden wollen. Wenn alle darüber Bescheid wissen und Sie es auch nicht zulassen, dass diese Zeiten durchbrochen werden, können Sie diese »stille Stunde« zur Erledigung wichtiger A-Aufgaben verwenden.

Zeitplanungs-Instrumente verwenden

Es gibt verschiedenste Arbeitsmittel, mit deren Hilfe Sie sich einen systematischen Überblick über alle anstehenden Aufgaben, Termine und Aktivitäten behalten können. Zeitplanbücher unterschiedlicher Bezeichnung und Firmen leisten da gute Dienste. Zeitplanbücher sind mehr als ein Terminkalender, sie enthalten Planungsinstrumente, Erinnerungshilfen, Adressenregister, Ideenkarteien, Telefonregister etc. Als Unterstützung für Ihre Terminplanung enthält ein Zeitplanbuch z. B. auch alle Tageszeitpläne, Formulare, Checklisten und griffbereiten Informationen für die tägliche Arbeit.

Delegieren Sie

Delegation ist eine der wichtigsten Führungsaufgaben einer Führungskraft. Aufgaben, die Sie nicht selbst erledigen müssen, da sonst niemand die Kompetenz dafür hat, delegieren Sie an Ihre Mitarbeiter. Auch Aufgaben, die Sie gerne machen, die aber nicht wirklich von Ihnen erledigt werden müssen. Sie entlasten sich dadurch nicht nur, sondern Sie motivieren die Mitarbeiter damit, fordern und fördern sie, erhöhen ihre Fachkenntnisse und Erfahrungen.

Delegieren Sie aber effektiv:

- ▶ Informieren Sie den Mitarbeiter genau darüber, was er machen soll, warum er es machen soll, wie er es machen soll und bis wann er es machen soll.
- ▶ Delegieren Sie nicht nur die Aufgabe, sondern auch die Kompetenz und Verantwortung (entwickeln Sie fähige Mitarbeiter und keine Handlanger).
- ▶ Versichern Sie sich, dass der Mitarbeiter verstanden hat, was Sie von ihm erwarten und hinterfragen Sie, ob noch Unklarheiten vorhanden sind.
- ▶ Tolerieren Sie Anfangsfehler, verzichten Sie auf Perfektion.
- ▶ So viel Kontrolle wie nötig, so wenig wie möglich.
- ▶ Akzeptieren Sie Rückdelegation nicht: Nur bei der Delegation mit ausreichend Verständnis und Information verhindern Sie, dass Sie die Arbeit letztendlich doch wieder selbst erledigen müssen, weil der Mitarbeiter zu oft nachfragen kommen muss, nicht wirklich die Kompetenz für die Aufgabe hat usw.

FÜHRUNG UND PERSÖNLICHKEIT

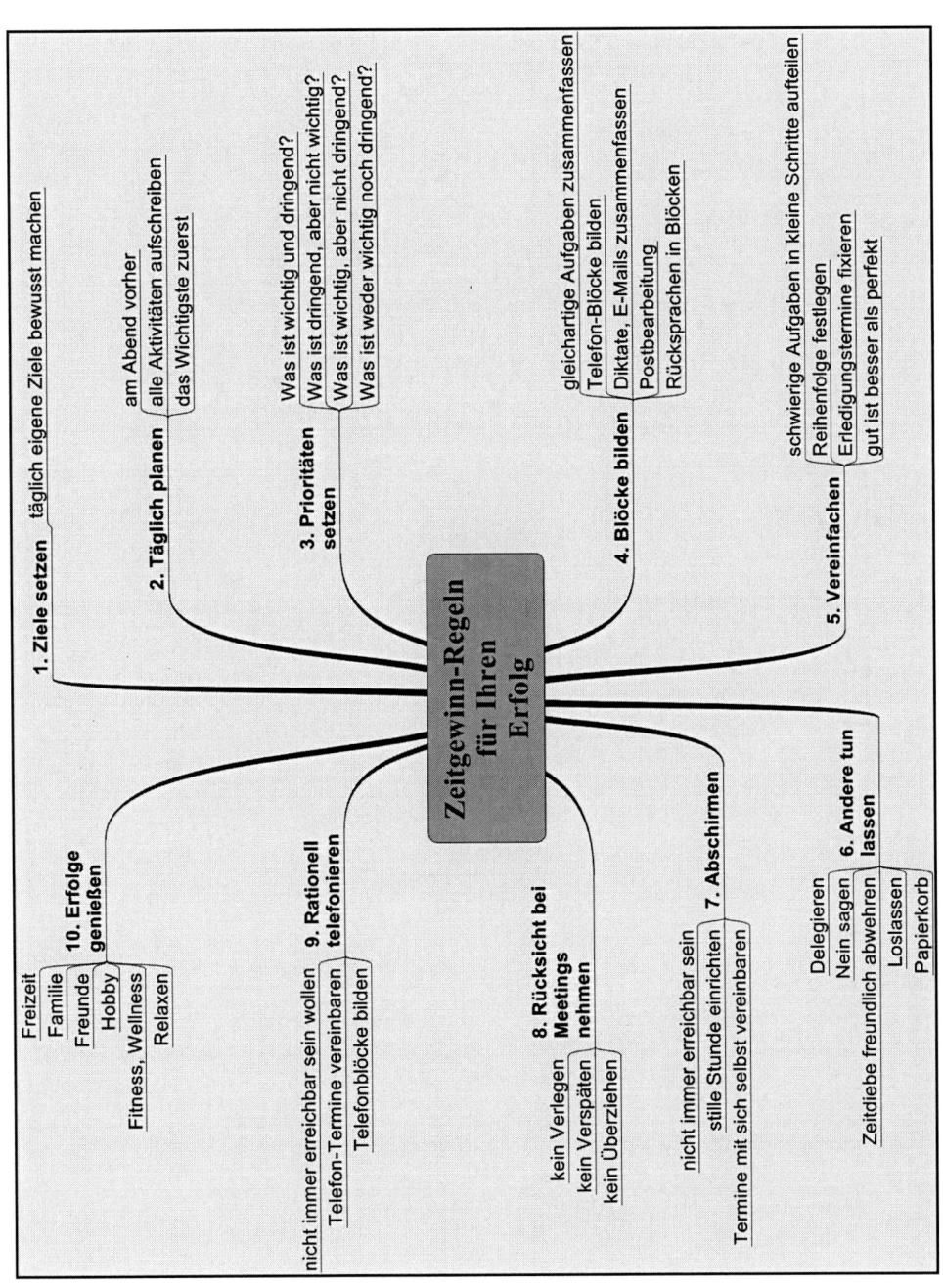

Zeitgewinn-Regeln für Ihren Erfolg

1. Ziele setzen
- täglich eigene Ziele bewusst machen

2. Täglich planen
- am Abend vorher
- alle Aktivitäten aufschreiben
- das Wichtigste zuerst

3. Prioritäten setzen
- Was ist wichtig und dringend?
- Was ist dringend, aber nicht wichtig?
- Was ist wichtig, aber nicht dringend?
- Was ist weder wichtig noch dringend?

4. Blöcke bilden
- gleichartige Aufgaben zusammenfassen
- Telefon-Blöcke bilden
- Diktate, E-Mails zusammenfassen
- Postbearbeitung
- Rücksprachen in Blöcken

5. Vereinfachen
- schwierige Aufgaben in kleine Schritte aufteilen
- Reihenfolge festlegen
- Erledigungstermine fixieren
- gut ist besser als perfekt

6. Andere tun lassen
- Delegieren
- Nein sagen
- Zeitdiebe freundlich abwehren
- Loslassen
- Papierkorb

7. Abschirmen
- nicht immer erreichbar sein
- stille Stunde einrichten
- Termine mit sich selbst vereinbaren

8. Rücksicht bei Meetings nehmen
- kein Verlegen
- kein Verspäten
- kein Überziehen

9. Rationell telefonieren
- nicht immer erreichbar sein wollen
- Telefon-Termine vereinbaren
- Telefonblöcke bilden

10. Erfolge genießen
- Freizeit
- Familie
- Freunde
- Hobby
- Fitness, Wellness
- Relaxen

Fragebogen: Analyse von Zeitverlusten

Zur persönlichen Überprüfung haben wir einen Fragebogen zum Zeitmanagement abgebildet, der Ihnen helfen kann, Schwachstellen zu erkennen und Veränderungsstrategien in Gang zu setzen.

Mehr Sinn durch mehr Zeit

Analyse von Zeitverlusten

Bewertung 1 bis 5 (1 = trifft überhaupt nicht zu, 5 = trifft voll und ganz zu)

Zeitverluste bei Planung und Zielsetzung	1	2	3	4	5
▸ Ich habe einen systematischen Überblick über alle Aufgaben, die in meinen Arbeitsbereich fallen.					
▸ Mein Aufgabengebiet ist gegenüber anderen Aufgabenbereichen klar abgegrenzt.					
▸ Meine Mitarbeiter kennen ihre Ziele und die dazugehörigen Aufgaben genau.					
▸ Ich versehe wichtige Aufgaben und Ziele mit einem Endtermin.					
▸ In meiner Zeitplanung ist Zeit für die Entwicklung neuer Ideen und meine persönliche Weiterentwicklung eingeplant.					
▸ Ich kenne die ungefähre prozentuale Aufteilung von voraussehbaren Arbeiten.					
▸ Ich plane Reservezeit für unvorhergesehene Ereignisse und Störungen ein.					
▸ Ich versuche Störungen schon im Vorfeld durch entsprechende Planung zu vermeiden, um mich besser meiner Arbeit widmen zu können.					
▸ Ich verwende ein Zeitplanbuch zur Organisation von Terminen, Aufgaben und Aktivitäten.					

Zeitverluste bei Organisation und Durchführung	1	2	3	4	5
▸ Ich überlege und beurteile eine Arbeit, bevor ich damit beginne.					
▸ Ich lege eine Rangordnung der Arbeiten nach ihrer Wichtigkeit und Dringlichkeit fest und halte diese auch ein.					
▸ Ich bearbeite jeden Vorgang nur einmal.					
▸ Ich halte mich bei Telefonaten möglichst kurz.					
▸ Ich komme in Gesprächen rasch auf den Punkt.					
▸ Ich verschwende keine Zeit auf unwichtige Dinge und Nebensächlichkeiten.					
▸ Ich kann auch bei wichtigen Dingen oder bei störenden Besuchern »Nein« sagen.					
▸ Ich führe in Besprechungen wieder zum Thema zurück, wenn die Diskussion zu sehr ausufert.					
▸ Ich delegiere reine Routineaufgaben an geeignete Mitarbeiter.					

NEGES' MANAGEMENTTRAINER

▸ Ich nehme nur an Besprechungen teil, die für meinen Arbeitsbereich wichtig sind.					
▸ Ich konzentriere meine Aktivitäten auf jene Arbeiten, die im Hinblick auf die Zielerreichung die besten Ergebnisse bringen.					
▸ Ich benutze Hilfsmittel, die mir die Arbeit erleichtern (Formulare, Checklisten, Zeitplaner, Diktiergeräte usw.).					
▸ Ich stelle Überlegungen zur systematischen Vereinfachung der Arbeiten in meinem Tätigkeitsbereich an.					
▸ Ich reagiere sofort, wenn in bestimmten Situationen immer wieder die gleichen Schwierigkeiten auftauchen und ändere Abläufe oder Verhaltensweisen.					

Zeitverluste im Tagesablauf	1	2	3	4	5
▸ Ich berücksichtige meinen persönlichen Tages- und Leistungsrhythmus.					
▸ Ich plane meinen nächsten Arbeitstag schon am Vorabend.					
▸ Ich plane die wichtigsten Aufgaben in der günstigsten Tageszeit, um meine Leistungsfähigkeit voll auszunutzen.					
▸ Ich kläre am Morgen zunächst anstehende Aufgaben oder Probleme, bevor ich die Eingangspost durchsehe.					
▸ Wichtige Dinge nehme ich sofort in Angriff und schiebe sie nicht auf.					
▸ Ich lasse mich durch Störungen nicht von meiner Arbeit ablenken.					
▸ Angefangene und unterbrochene Arbeiten nehme ich möglichst rasch wieder auf und lasse sie nicht liegen.					
▸ Plaudereien mit Kollegen führe ich dann, wenn Zeit übrig ist, und beschränke mich auf das notwendige Maß.					

Zeitverluste bei Information und Kommunikation	1	2	3	4	5
▸ Ich überfliege Informationen, um zunächst die Hauptgedanken zu erfassen und später auf die wichtigen Stellen einzugehen.					
▸ Bei der Suche nach Informationen im Internet lasse ich mich durch die vielen Links nicht vom Thema abbringen und auf Nebenschauplätze führen.					
▸ Ich komme in Telefonaten, bei Unterredungen und Besprechungen rasch auf den Punkt.					
▸ Auf Besprechungen bereite ich mich ausreichend vor.					
▸ Ich überprüfe die Gesprächsziele von anderen und meine eigenen, um Energie- und Zeitverschwendung zu vermeiden.					
▸ Ich durchforste regelmäßig meine Ablagen.					
▸ Ich habe alle Unterlagen, die ich benötige, sofort parat.					
▸ Ich verfasse schriftliche Informationen kurz und prägnant, sodass die Hauptpunkte sofort ersichtlich sind.					

Haben Sie einige Punkte gefunden, die Sie noch nicht perfekt erfüllen? Lassen Sie jedoch die Suche nach Ihren Zeitverlusten nicht in Stress ausarten. Nehmen Sie sich maximal ein bis zwei Punkte vor und arbeiten Sie gezielt daran. Fangen Sie zunächst mit den Zeitfressern an, die sich recht einfach ändern lassen, z. B. durch eine andere Technik, durch den Gebrauch von Werkzeugen oder eine leicht geänderte Vorgehensweise. Falls Sie damit keine bessere Zeitbalance finden, gehen Sie die Zeitfresser an, die durch Angewohnheiten und Einstellungen entstehen. Sie sind schwieriger zu lösen, aber: Nichts ist unmöglich! Und: Nicht jede Warte- oder Leerlaufzeit ist ein Zeitfresser, man darf auch einmal trödeln. Beseitigen Sie besser die echten Zeitfresser, die Ihnen laufend wertvolle Zeit rauben.

8.8 Mit Kreativität persönliche Ziele wirkungsvoller realisieren

8.8.1 Grundregeln kreativen Denkens

Umbruchzeiten verlangen kreatives Handeln – eine Herausforderung für Manager, die eher gewohnt sind, Ressourcen zu verwalten und Bewährtes zu erhalten. Kreatives Denken wird dann erleichtert, wenn folgende Voraussetzungen geschaffen werden:

Erfahrung

Durch die Erfahrung werden negative und positive Erlebnisse in ihrer gesamten Dimension und Auswirkung als Lerngrundlage aufbereitet. Erarbeiten Sie einmal bewusst Ihre Erfahrungslandkarte in Form einer Zeichnung, mit der Sie sämtliche diesbezüglichen Erlebnisse für sich selbst transparent machen.

Entlernen aktivieren

Stiften Sie Unruhe bei sich selbst. Eignen Sie sich Techniken an, mit deren Hilfe Sie nach erfolgreicher Bearbeitung der Vergangenheit diese auch vergessen können. Stellen Sie sich dem Unbekannten. Haben Sie Mut, Neues aufzunehmen und gezielt gedanklich zu verarbeiten. Vergessen Sie mit Methode.

Wollen als Kreativitätsansporn

Steigern Sie Ihre persönliche Initiative. Arbeiten Sie an Ihrer Einstellung. Bauen Sie persönliche Killerphrasen ab, wie z. B. »Ich kann nicht«, »Das haben wir immer schon so gemacht«.

Visualisierung von Erfolgen

Sehr wichtig für die Kreativität ist der aktive Versuch, die eigenen Erfolge visualisiert (bildlich) transparent zu machen. Dazu gehört eine Ideenbox, wo Sie Ihre Ideen sammeln, bearbeiten und verarbeiten. Führen Sie schriftliche Aufzeichnungen. Diese aktivieren durch Stichworte automatisch zusätzliche Ideen.

Methodeneinsatz

Mit Brainstep schaffen Sie eine übersichtliche Landkarte Ihrer derzeitigen Probleme. Brainstep funktioniert als Methode folgendermaßen: Es werden auf einzelne Charts (A5-Karten) Ideen, Problemfelder aufgelistet und an eine Pinnwand geheftet. Zu jeder Karte werden im Laufe einer bestimmten Zeit zusätzliche Ideen oder Lösungsansätze festgehalten. Die Karten bleiben längere Zeit an der Wand, bis sich ein konstruktiver Ideenbaum entwickelt hat.

Bewusste Aktivierung beider Gehirnhälften

Für kreative Prozesse ist die gezielte Aktivierung beider Gehirnhälften notwendig. Die linke Hemi-sphäre fördert das rationale, zielorientierte, analytische und verbale Denken, die rechte Hemisphäre aktiviert das ganzheitliche, visuelle, räumliche und mathematische Denken.

Können

Setzen Sie sich kritisch mit Ihrem Wissen auseinander. Das Können hängt von Ihrem Willen ab, etwas zu tun. Entwickeln Sie täglich einen Aufhänger bzw. eine Idee oder eine Problemlösung.

Einsatz von Entspannungstechniken

Bei der Durchführung unterschiedlicher Entspannungstechniken (autogenes Training, Yoga, Meditation usw.) werden bestimmte Wellen der Gehirnströme bewusst aktiviert. In den Entspannungsphasen können neue Ideen geboren werden.

Was zeichnet kreative Manager aus?

Kreativität ist eine Mischform von Emotion und Intelligenz, von Information, Wissen und Erfahrung. Sie umfasst die gesamte Individualität des einzelnen Gehirns:

- Intelligenz
- Sensitivität
- Flexibilität
- Ideenflüssigkeit
- Neuartigkeit
- Originalität
- Künstlerische Begabung
- Schöpferisches Denken

Kreative Manager zeichnen sich aus durch:
- Vernetztes Aufbereiten von Themen- und Problemlandschaften
- Gezieltes Hinterfragen von Situationen
- Hohe Belastbarkeit und Aufmerksamkeit
- Permanente Initiative
- Die Beherrschung der Methodenkompetenz (Kreativitätstechniken)
- Eine hohe Konflikttoleranz
- Selbstdisziplin
- Systematik
- Zulassen von Chaos
- Freude und Einsatzbereitschaft
- Beherrschung der Materie

Ablauf eines kreativen Prozesses

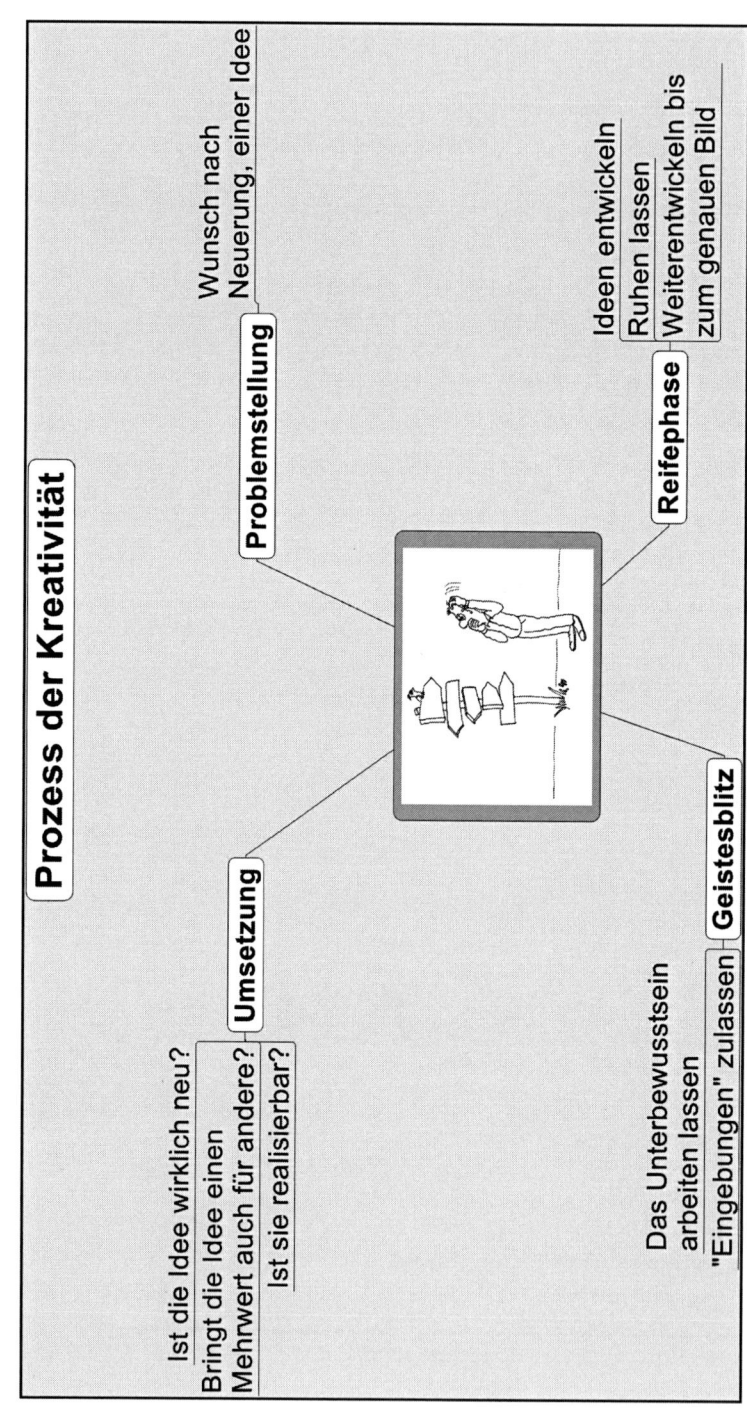

Prozess der Kreativität

Problemstellung
Wunsch nach
Neuerung, einer Idee

Reifephase
Ideen entwickeln
Ruhen lassen
Weiterentwickeln bis
zum genauen Bild

Umsetzung
Ist die Idee wirklich neu?
Bringt die Idee einen
Mehrwert auch für andere?
Ist sie realisierbar?

Geistesblitz
Das Unterbewusstsein
arbeiten lassen
"Eingebungen" zulassen

8.8.2 Die wichtigsten Kreativitätstechniken im Überblick

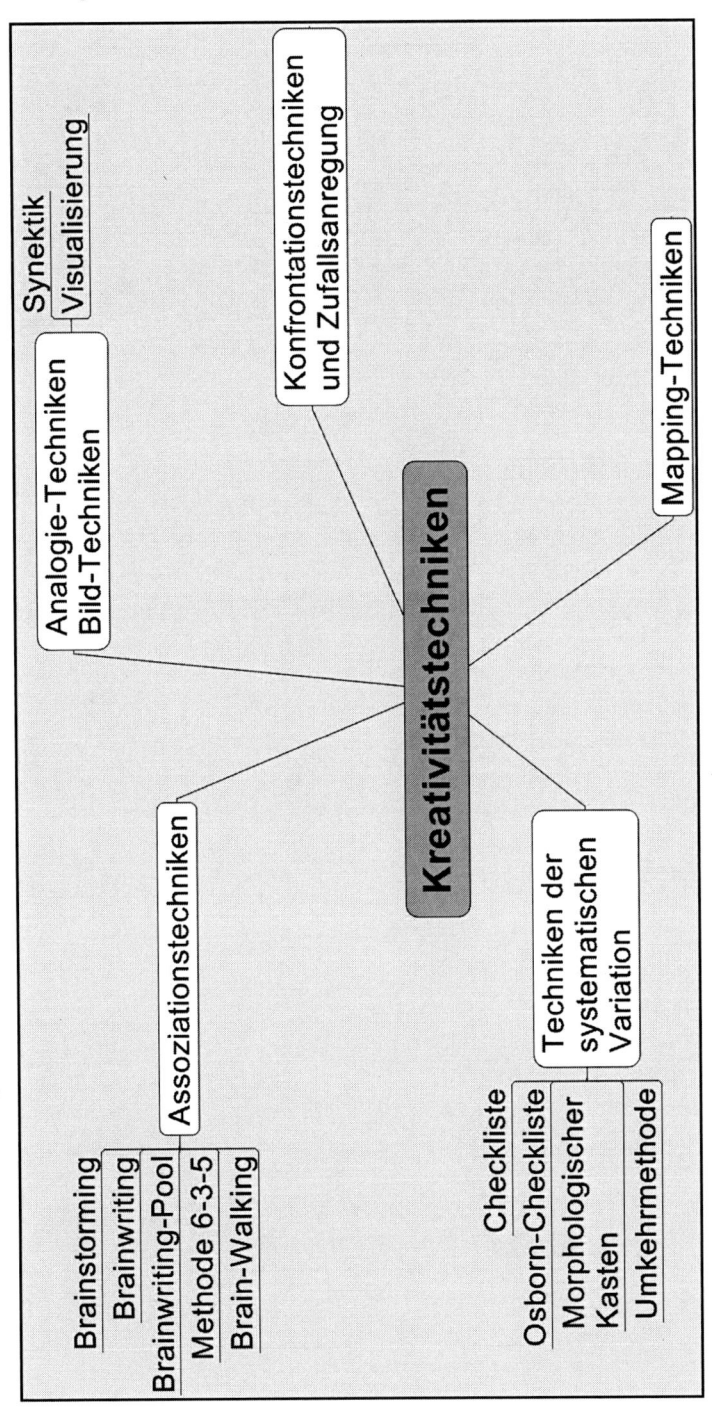

Folgende wesentliche Kreativitätstechniken werden nun beschrieben:

- Brainstorming
- Brainwriting
- Mindmapping
- Moderations- bzw. Metaplantechnik

8.8.2.1 Brainstorming

Mehrere Personen setzen sich zusammen und versuchen, möglichst spontan und in freier Rede innerhalb eines bestimmten Zeitraumes möglichst viele Ideen zur Lösung eines definierten Problems zu finden.

Grundsätze der Methode

Teilnehmer
- ▸ Gruppenstärke fünf bis zwölf Personen
- ▸ Empfehlenswert sind Gruppen von fünf bis sechs Teilnehmern
- ▸ Die Teilnehmer sollten aus verschiedenen Fachbereichen kommen
- ▸ Große Hierarchiespannen zwischen den Teilnehmern sind nicht empfehlenswert
- ▸ Direkte Vorgesetzten-/Mitarbeiter-Unterstellungsverhältnisse sind zu vermeiden

Projektleiter
- ▸ Sitzungsvorbereitung
- ▸ Einladung der Teilnehmer
- ▸ Schriftliche Vorabinformation
- ▸ Terminabstimmung
- ▸ Bereitstellung des Raumes, der Medien, Arbeitsmittel und Unterlagen
- ▸ Vorstrukturierung des Problems
- ▸ Auswahl des Moderators

Moderator
- ▸ Sollte nicht der Projektleiter, sondern eine neutrale Person sein
- ▸ Eröffnet die Sitzung und trägt Problem vor
- ▸ Stellt die Einhaltung der Regeln und des Themas sicher
- ▸ Aktiviert und motiviert die Teilnehmer
- ▸ Verhindert destruktives Verhalten, gleicht Spannungen aus
- ▸ Gibt neue Impulse bei nachlassendem Ideenfluss
- ▸ Gibt Anweisungen für den Protokollführer
- ▸ Schließt die Sitzung

Protokoll
- ▸ Der Protokollführer nimmt nicht an der Ideenfindung teil
- ▸ Die Protokollierung kann stichwortartig auf einem normalen Block, auf Pinnwand oder Flipchart erfolgen
- ▸ Zusätzlich kann auch ein Tonbandprotokoll erstellt werden

▸ Der Protokollführer verliest auf Anweisung des Moderators Zwischenergebnisse aus dem Protokoll

Problemformulierung
▸ Das Problem muss jedem Teilnehmer klar und bewusst sein
▸ Eine Zielvorstellung ist in diesem Stadium nicht notwendig

Spontaneität der Ideen
▸ Ideen sind unkontrollierte Assoziationen
▸ Ideen werden spontan geäußert

Quantität geht vor Qualität
▸ Ziel ist, möglichst viele Ideen zu erhalten
▸ Schnelligkeit wirkt ansteckend
▸ Je mehr Ideen kommen, desto größer ist die Wahrscheinlichkeit spontaner Einfälle

Verbot von Beurteilung und Kritik
▸ Keine Beurteilung der Ideen
▸ Kritik wird nicht zugelassen
▸ Wesentlicher Aspekt der Ideenfindung ist das zurückgestellte Urteil

Zeitdauer
▸ Je nach Thematik 15 bis 45 Minuten, in Ausnahmefällen maximal bis zu einer Stunde
▸ Faustregel: Wenn der Ideenfluss nach zweimaliger Aktivierung durch den Moderator versiegt, ist die Sitzung zu beenden

Umgebung
▸ Ausreichend großer Raum mit positiver Atmosphäre
▸ Keine Störungen von außen (Telefonate, Besucher usw.)

Grobauswahl
▸ Die gesammelten Ideen werden noch einmal verlesen
▸ Die Formulierungen werden auf Verständlichkeit geprüft
▸ Die Ideen werden Kategorien zugeordnet
▸ Üblich ist eine Einteilung in:
  – unmittelbar verwertbar
  – verwertbar – weiter untersuchen
  – Verwertbarkeit fraglich
▸ Möglich ist auch eine Vorbewertung, graduell abgestuft nach:
  – Neuheitswert/Originalität
  – Durchführbarkeit
  – Abteilungen usw.

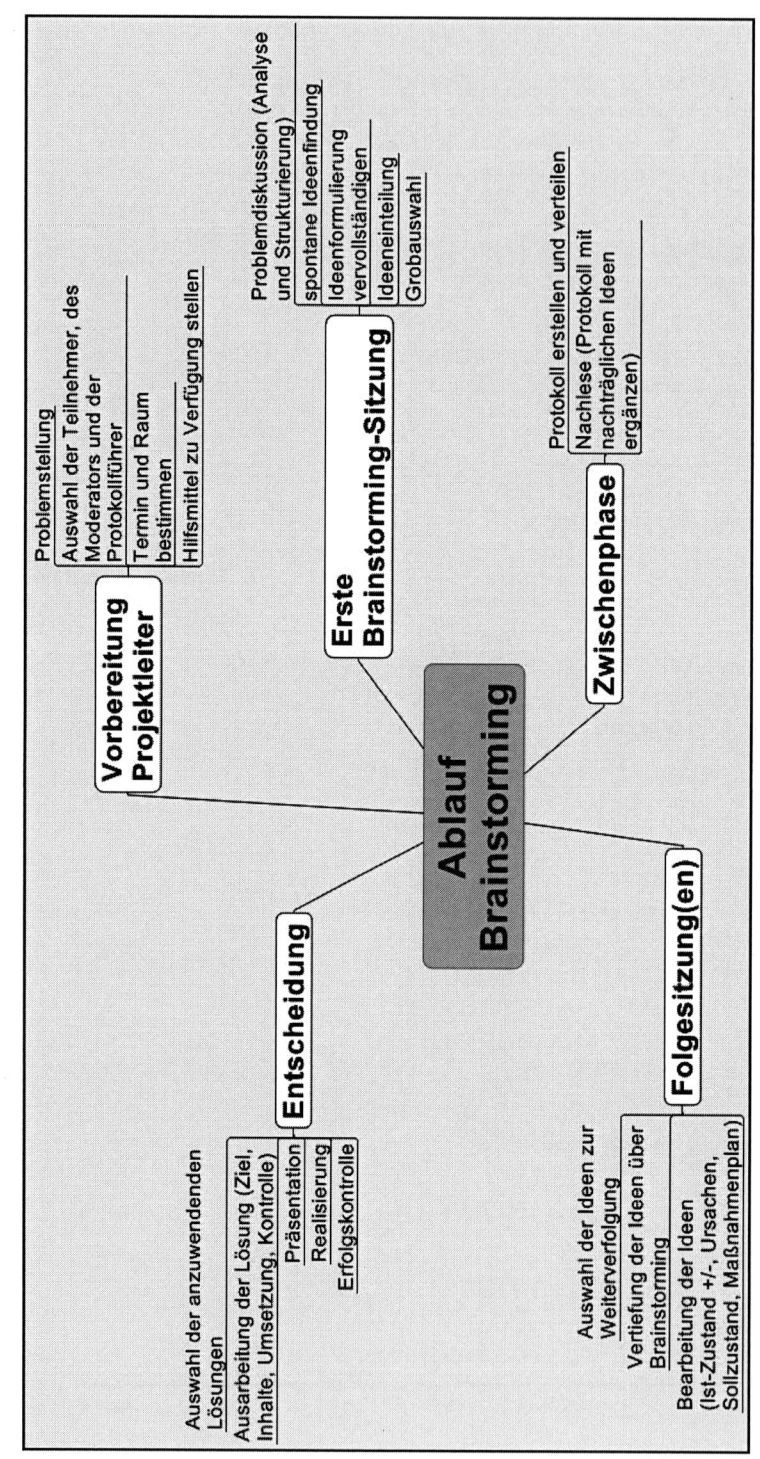

8.8.2.2 Methode 6-3-5 – Brainwriting

Sechs Personen schreiben je drei Ideen in fünf Minuten zur Lösung eines Problems auf. Dieser Vorgang wird sechsmal durchgeführt.

Zu diesem Zweck erhält jeder Teilnehmer ein Blatt, das in 6 x 3 Kästchen aufgeteilt ist. Nach jeweils fünf Minuten (und Niederschrift von drei Ideen) wird es im Uhrzeigersinn weitergegeben. Die Ideen sollen sich möglichst an die auf dem Blatt bereits vorhandenen anlehnen und diese weiterentwickeln.

Wenn alle Blätter einmal herumgegangen sind, hat jeder Teilnehmer maximal 18 Ideen aufgeschrieben; alle Teilnehmer zusammen: 6 x 18 = 108 Ideen.

Vorteile der Methode:
▸ Sie kann auch von ungeübten Gruppen angewandt werden.
▸ Es können sehr viele Personen (auch mehrere Gruppen) eingeschaltet werden.
▸ Es werden in kurzer Zeit (30 Minuten) viele Ideen produziert.

Grobbewertung der Ideen
▸ Die Blätter gehen noch einmal rundum (nachdem alle ihre Ideen bereits vermerkt haben); jeder Teilnehmer kreuzt drei Ideen an, die ihm am besten gefallen.
▸ Die Ideen mit den meisten Nennungen werden weiter untersucht.
▸ Mittels Diskussion oder wieder im Rundlauf werden die Ideen eingeteilt in:
  – verwertbar!
  – verwertbar – weiterentwickeln!
  – Verwertbarkeit fraglich!
▸ Zusammenfassung und Aktivitätenplan erstellen, um Stärken, Schwächen und Umsetzbarkeit der Ideen zu analysieren.

8.8.2.3 Mindmapping (Denkmuster für Kreativität)

Unser Gehirn ist eine komplexe und stark vernetzte Denkmaschine. Wollen wir unserem Gehirn eine Information besonders effizient zuführen, so müssen wir die Information so strukturieren, dass sie so leicht wie möglich in den verschiedenen Gehirnstrukturen Platz findet.
Durch die strukturierte Darstellung einer neuen Information kann diese leichter an bereits im Gehirn gespeicherte Inhalte angekoppelt werden.
Das Mindmapping ist ein Denkmuster, mit dem ein in sich abgeschlossener Themenkreis klarer definiert werden kann.

Folgende Punkte sind bei der Anwendung von Mindmapping zu beachten:
▸ Der Denkprozess sollte im Zentrum einer Hauptidee beginnen und sich dann vom jeweiligen Themenkreis zu den äußeren Enden verzweigen, anstatt sich von oben nach unten durch eine gedachte Themenliste durchzuarbeiten.
▸ Wichtigere Ideen/Erkenntnisse befinden sich im Gehirn näher beim Zentrum des Themenkreises, weniger wichtige Dinge liegen hingegen an den Ausläufern. Damit kann die Wertigkeit einer Erkenntnis deutlicher festgemacht werden.
▸ Die Verbindungen zwischen den Themenkreisen sind durch ihre Zugehörigkeit und Anordnung erkennbar. Daher erfolgt das Abrufen und Sondieren von Informationen wesentlich schneller.

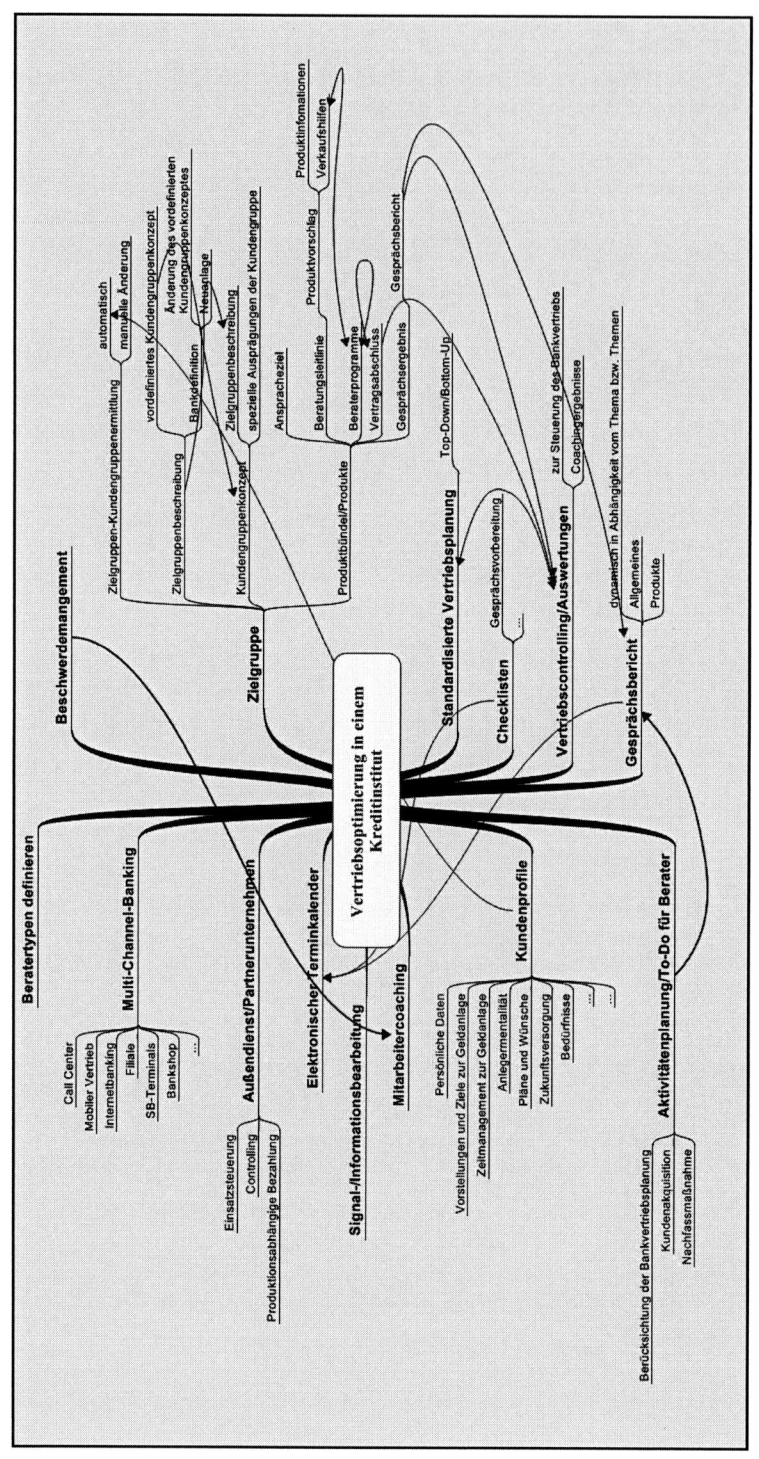

- Ein leichteres Speichern neuer Informationen ist möglich, da nicht erst nach ähnlichen Erfahrungspunkten gesucht werden muss.
- Jedes Muster, das angelegt wird, soll sich von anderen Mustern unterscheiden, damit das Abrufen von Informationen erleichtert wird.
- Die Netzstruktur der Denkmuster soll ein offenes Ende haben. Dadurch wird dem Gehirn ermöglicht, neue Verbindungen schneller herzustellen und mit bereits vorhandenen Informationen zu verknüpfen.

8.8.2.4 Die Moderations- bzw. Metaplantechnik

Die Moderationsmethode ist eine Arbeitsmethode, die strukturiert an ein Thema herangeht und durch die entsprechenden Sitzungen bzw. Zusammenkünfte führt.

Die Entwicklung von Lösungen oder eine Entscheidungsfindung werden in Abschnitte unterteilt, in denen verschiedene Techniken der Moderation angewendet werden. Gearbeitet wird mit Pinnwänden und Karten.

Die angewendeten Methoden können sein:
- Punkte abfragen
- Karten abfragen
- Klumpen
- Themenlisten erstellen und bewerten
- Maßnahmenkataloge erstellen usw.

Im Rahmen einer Moderation zur Ideenfindung können diese Moderationsmethoden die vorher beschriebenen Kreativitätstechniken beinhalten.

Die Phasen eines Moderationsablaufs

- *Begrüßung, Kennenlernen, Einstimmung*
  - durch geschickte Einstimmung die Gruppe zu einer kommunikationsbereiten Haltung bringen
  - Vorstellung der Teilnehmer
  - Vorstellung des Moderators
  - Erläuterung der Rolle des Moderators
  - Ziel der Moderation klarstellen
  - Erwartungen bzw. Befürchtungen der Gruppe können abgefragt werden

- *Themenorientierung herstellen*
  - das Thema durch konkrete Fragestellungen bewusst machen
  - ein Problem soll klar formuliert, aber noch nicht inhaltlich behandelt werden

- *Themenbearbeitung*
  - Aufteilung der Gruppe in Kleingruppen, damit jeder mit jedem sprechen, Argumente austauschen, Widersprüche aufdecken und Lösungen finden kann
  - Diskussionsstruktur vorgeben
  - Kreativitätstechniken zur Lösungsfindung einsetzen
  - Kleingruppenergebnisse werden anhand von Plakaten im Plenum präsentiert und diskutiert

- *Ergebnisorientierung*
  - Ergebnisse von Moderationen sind keine klaren Entscheidungen, sondern:
    - ein gewichteter Themenkatalog
    - Arbeitsaufträge an Personen oder Projektgruppen
    - ein abgestimmtes weiteres Vorgehen
  - Ergebnisse sind klar und sichtbar zu formulieren
  - Lösungen oder Lösungsansätze sind als Aktivitäten in Tätigkeitskatalogen festzuhalten
- *Abschluss*
  - kann sich auf das sachliche Ergebnis, auf eine Reflexion des erlebten Prozesses oder auf die Gefühle beziehen, mit denen die Teilnehmer die Moderation verlassen
  - dafür eignen sich Ein-Punkt-Fragen (Wie zufrieden bin ich mit ...?) oder das Blitzlicht, in dem alle Teilnehmer ein Statement zum Prozess abgeben

Spielregeln der Moderation

Um die Kommunikation in geregelten Bahnen zu halten und die Effizienz der moderierten Zusammenkunft zu erhöhen, kann der Moderator mit den Teilnehmern Spielregeln vereinbaren. Vorschläge des Moderators werden durch die Teilnehmer ergänzt. Dadurch wird gewährleistet, dass die Regeln akzeptiert und eingehalten werden.

Kurze Beiträge
- Begrenzte Redezeit pro Teilnehmer bei Diskussionen
- Einzuhaltende Zeit bei Präsentationen

Kein Durcheinandersprechen
- Jeder, der etwas sagen will, hebt die Hand
- Der Moderator beobachtet die Meldungen und fordert die Teilnehmer in der Reihenfolge des Handhebens zum Sprechen auf

Kernaussagen visualisieren
- Aufgabe des Moderators
- Beiträge der Teilnehmer sind zu wiederholen und aufzuschreiben
- Zustimmung der Teilnehmer, was für alle sichtbar notiert wird
- Dokumentation des Prozesses
- Vermeidung von Missverständnissen
- Moderator bleibt neutral und übernimmt Beitrag eines Teilnehmers, ohne eigene Vorstellungen einfließen zu lassen
- Laufende Visualisierung dient als Stichwortmanuskript für das Protokoll

Schriftlich diskutieren
- Bei heiklen Themen, um beim Kernthema zu bleiben und eine geordnete Diskussion durchzuführen
- Jeder Teilnehmer wird aufgefordert, seine Beiträge auf eine Karte zu schreiben
- Karten werden auf die Pinnwand geheftet und besprochen
- Roter Faden bleibt erhalten
- Kein Beitrag geht verloren

Die folgende Abbildung zeigt beispielhaft die Phasen einer Moderation mit der jeweils angewendeten Moderationstechnik:

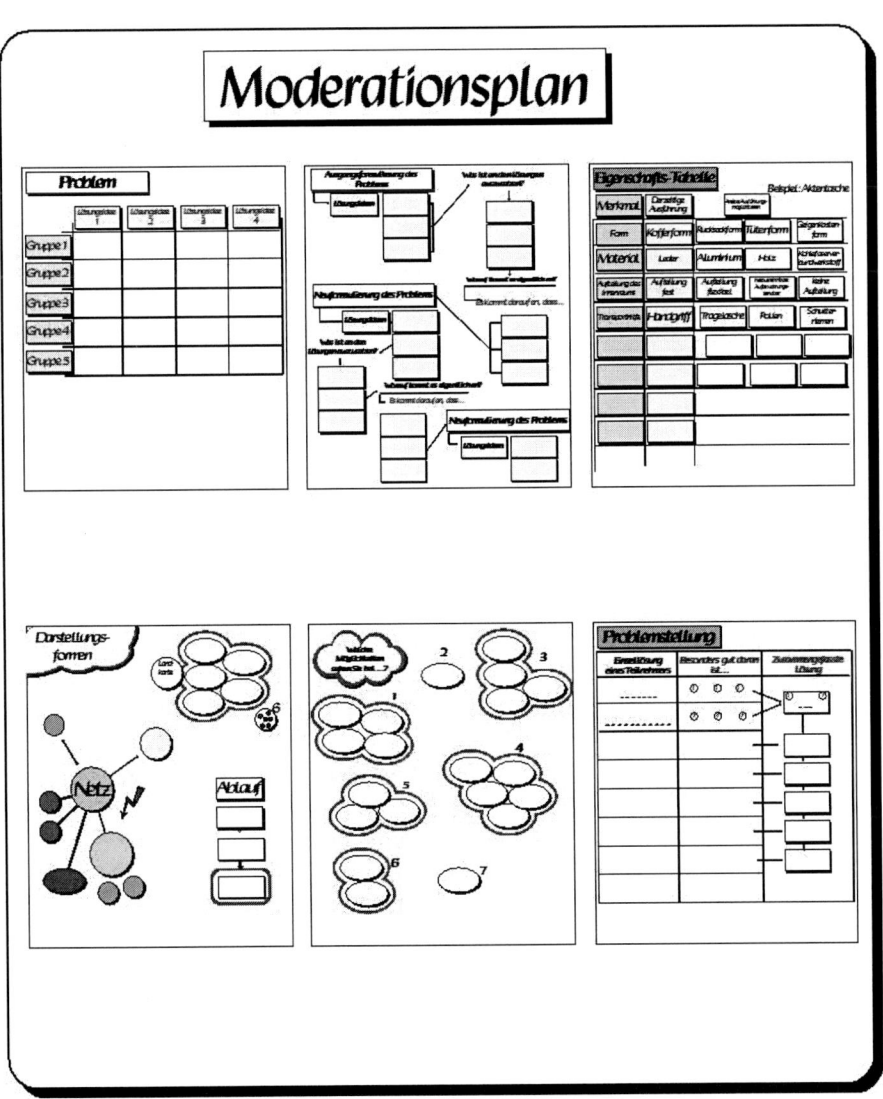

8.9 Authentizität und Vertrauen

Authentische Führungskräfte:

▸ sind sich ihrer Persönlichkeit bewusst
▸ können unabhängig von Status und Kompetenz zu sich selbst Stellung beziehen
▸ kennen ihre Werte und fällen Entscheidungen nach eigenen, unabhängigen Maßstäben
▸ haben den Mut, ihre Entscheidungen gegen die Widerstände anderer durchzusetzen
▸ können Widersprüche wertfrei identifizieren und unterschiedliche Perspektiven erkennen
▸ haben sich bewusst für einen eigenen persönlichen Lebensweg entschieden
▸ unterdrücken ihre Bedürfnisse nicht, um Ansprüche anderer zu erfüllen.

Authentische Führungskräfte schaffen Vertrauen, da man sich auf sie verlassen kann. Authentizität als Führungsqualität braucht aber auch die unternehmerischen Rahmenbedingungen. In den meisten hierarchischen Organisationen wird das Verhalten der Mitarbeiter durch Unterordnung bestimmt. Gehorsam und Dienst nach Vorschrift sind jedoch wenig geeignet, authentisches Verhalten zu fördern, vielmehr sollte eine eigenverantwortliche und ergebnisorientierte Entscheidungsfähigkeit der Mitarbeiter und Führungskräfte durch eine entsprechende intensive Personalentwicklung, ein gutes Vorschlagswesen usw. angestrebt werden.

Die Vorteile eines authentischen Managements:

Authentizität als Voraussetzung für Innovation und Veränderung
▸ In Zeiten der laufenden Veränderung sind weitreichende Entscheidungen gefragt, die von starken Führungspersönlichkeiten getragen werden müssen.
▸ Es geht nicht darum, Bestehendes zu verwalten, sondern Neues zu gestalten.
▸ Vielseitige und kommunikative Persönlichkeiten können miteinander gut neue Perspektiven für das Unternehmen schaffen.

Authentizität führt zu effizienten Entscheidungen
▸ Der authentische Manager orientiert sich am eigenen Wertesystem und fühlt sich von Konventionen und äußeren Kriterien unabhängig.
▸ Dadurch eröffnen sich ihm auch mehr Handlungsalternativen.
▸ Die Auswahl aus unterschiedlichen zum Ziel führenden Lösungen passiert autonom und damit effizient.

Authentizität schafft Sicherheit und Glaubwürdigkeit
▸ Eine authentische Persönlichkeit ist krisenfest und kann dadurch Orientierung geben.
▸ Die Mitarbeiter erleben, dass nicht auf äußere Störfaktoren reagiert, sondern nach langfristigen und unabhängigen Kriterien entschieden wird.
▸ Emotionale Kontinuität verhindert Konflikte und schafft Akzeptanz für notwendige Veränderungen.

FÜHRUNG UND PERSÖNLICHKEIT

Rahmenbedingungen für authentisches Management:

Authentisches Management kann nicht kurzfristig entwickelt werden. Zur Entwicklung von Persönlichkeiten müssen Rahmenbedingungen geschaffen werden:

Unternehmenskultur
- ▸ Die Unternehmenskultur muss von Vertrauen geprägt sein
- ▸ Eine transparente Führung fördert Individualisten
- ▸ Entscheidungen sind nachvollziehbare Ergebnisse eines kreativen Prozesses
- ▸ Verankerung im Unternehmensleitbild und Vorbildwirkung durch alle Führungskräfte

Personalentwicklung
- ▸ Verantwortlich für das persönliche Wachstum der Führungskräfte
- ▸ Coaching-Prozesse einleiten
- ▸ Geeignete Bewertungssysteme und Feedback-Instrumente entwickeln
- ▸ Entwicklungsworkshops und Persönlichkeitstrainings entsprechend gestalten

Persönlichkeitsentwicklung
- ▸ Gefühle zulassen
- ▸ Körpersignale erkennen
- ▸ Feedback einholen
- ▸ Den persönlichen Weg zwischen Forderungen/Ansprüchen und Bedürfnissen finden

Fragebogen Vertrauen

Lassen Sie sich von Ihren Mitarbeitern anhand folgender Kriterien bewerten:
Bewertung 1 bis 5 (1 = trifft überhaupt nicht zu, 5 = trifft voll und ganz zu)

Verfügbarkeit

Mein Vorgesetzter/Meine Vorgesetzte ...	1	2	3	4	5
▸ ist normalerweise da, wenn ich ihn/sie brauche.					
▸ Ich kann ihn/sie finden, wenn ich mit ihm/ihr sprechen möchte.					
▸ Es ist einfach, mit ihm/ihr in Kontakt zu kommen.					

Kompetenz

Mein Vorgesetzter/Meine Vorgesetzte ...	1	2	3	4	5
▸ erledigt seine/ihre Aufgaben kompetent.					
▸ nimmt seine/ihre Führungsfunktion wahr.					
▸ ist eine Führungskraft, auf die man sich verlassen kann.					

Kontinuität

Mein Vorgesetzter/Meine Vorgesetzte ...	1	2	3	4	5
▸ macht seine/ihre Arbeit vom einen zum anderen Mal in gleicher Weise.					
▸ reagiert beim Eintreten gleicher Situationen in gleicher Weise.					
▸ verhält sich konstant.					
▸ Ich weiß immer, was er/sie als Nächstes tun wird.					

Diskretion

Mein Vorgesetzter/Meine Vorgesetzte ...	1	2	3	4	5
▸ verwendet sensible Informationen, die ich ihm/ihr gebe, in entsprechender Weise.					
▸ behandelt vertrauliche Informationen, die ich ihm/ihr gebe, auch vertraulich.					
▸ spricht nicht mit anderen über Dinge, die er/sie von mir erfahren hat und die andere nichts angehen.					

Fairness

Mein Vorgesetzter/Meine Vorgesetzte ...	1	2	3	4	5
▸ behandelt mich fair.					
▸ behandelt mich auf der gleichen Grundlage wie andere.					
▸ trifft mit mir immer faire Vereinbarungen.					

FÜHRUNG UND PERSÖNLICHKEIT

Integrität

Mein Vorgesetzter/Meine Vorgesetzte ...	1	2	3	4	5
▸ sagt immer die Wahrheit.					
▸ würde mich nicht belügen.					
▸ spricht offen und ehrlich mit mir.					

Loyalität

Mein Vorgesetzter/Meine Vorgesetzte ...	1	2	3	4	5
▸ würde nichts tun, was mich schlecht aussehen ließe.					
▸ übervorteilt mich nicht.					
▸ Wenn ich einen Fehler mache, verwendet er/sie das nicht gegen mich.					
▸ Ich kann mit ihm/ihr Probleme diskutieren, ohne dass die Information gegen mich verwendet wird.					

Offenheit

Mein Vorgesetzter/Meine Vorgesetzte ...	1	2	3	4	5
▸ sagt immer, was er/sie sich denkt.					
▸ erzählt mir, was ihn/sie beschäftigt.					
▸ gibt mir alle Informationen, die ich brauche.					

Halten von Versprechen

Mein Vorgesetzter/Meine Vorgesetzte ...	1	2	3	4	5
▸ verfolgt die mir gemachten Versprechen weiter.					
▸ hält sich an das, was er/sie mir verspricht.					
▸ führt die Handlungen aus, die er/sie mir versprochen hat.					

Aufnahmefähigkeit

Mein Vorgesetzter/Meine Vorgesetzte ...	1	2	3	4	5
▸ nimmt meine Ideen bereitwillig auf.					
▸ hört mir wirklich zu.					
▸ bemüht sich zu verstehen, was ich zu sagen habe.					

Gesamtvertrauen

Mein Vorgesetzter/Meine Vorgesetzte ...	1	2	3	4	5
▸ hat mein volles und ganzes Vertrauen.					

8.10 Entwicklungsverantwortung übernehmen

Jeder Manager ist für seine Laufbahnentwicklung selbst verantwortlich. Die Laufbahn richtet sich einerseits nach den individuellen persönlichen Zielen und Interessen, andererseits nach den vorhandenen Möglichkeiten im Unternehmen.

Was unternehmen Spitzenkräfte bei der Planung ihrer Laufbahn?

▸ Sie arbeiten konsequent auf ein Ziel hin.
▸ Sie wissen, was sie erreichen wollen.
▸ Sie setzen sich initiativ ein.
▸ Sie rechnen sich die Möglichkeiten aus.
▸ Sie suchen einen starken Mentor im Unternehmen.
▸ Sie brauchen ganz spezielle Herausforderungen.
▸ Sie planen ihre Laufbahn in Entwicklungsschritten und Zeitbedarf.
▸ Sie stehen Herausforderungen jederzeit offen und positiv gegenüber.
▸ Sie sind mobil und flexibel in für die Laufbahn wichtigen Situationen.
▸ Sie haben meist eine gute Kenntnis von »strategischem Lernen«.

8.10.1 Laufbahnplanung

Wenn Manager auf ihre Laufbahn zurückblicken, dann stellen sie fest, dass viele berufliche Situationen mit Veränderungen verbunden waren. Die Anforderungen der Arbeitswelt ändern sich ständig. Ein erfolgreicher Manager ist der, der die geforderte Anpassung an die jeweilige Situation schafft. Jeder Manager sollte bei seiner Laufbahnplanung seine Tätigkeit zukunftsbezogen betrachten. Dabei sollten folgende Fragen beantwortet werden:

▸ Welche zukünftigen Veränderungen wird die jetzige Tätigkeit erleben?
▸ Wohin kann sich die Tätigkeit entwickeln?
▸ Wie gut schätze ich mich selbst ein?
▸ Wo habe ich Defizite aus
  – heutiger
  – zukünftiger Sicht?
▸ Wie will ich meine Eignung aktivieren?
▸ Wer soll mein Lernpate sein?

Die einzelnen Überlegungen münden in einen Laufbahnplan. Dieser dient der systematischen, schriftlich vereinbarten Entwicklung von spezifischen Anforderungen.

Entwicklungsplan

Name:					
Position:					
Entwicklung zu Position:					
Zeitplan/ Aktivitäten	20..	20..	20..	20..	20..
Job rotation					
Systematische Weiterbildung					
Projekte Sonderaufgaben					
Job enrichment					
Stellvertretungen					
Entsendungen					
Entwicklunspate:					
Erstellt am:					
Zur Kenntnis genommen:					

8.10.2 Die Führungskraft als Personalentwickler

Die Aufgaben einer Führungskraft beinhalten auch die Entwicklung und Förderung ihrer Mitarbeiter und umfassen:

Karrierefördernde Aktivitäten
- Coaching
- Sichtbarmachen der Fähigkeiten der Mitarbeiter
- Herausfordernde Aufgaben übertragen
- Schutz und Sicherheit geben
- Fordern und fördern
- Potenziale erkennen und aktivieren
- Entwicklungsmaßnahmen organisieren und durchführen

Hilfestellung zur Identitätsentwicklung
- Persönlicher Ratgeber sein
- Akzeptanz und Bestätigung geben
- Freundschaftliche Haltung einnehmen

Voraussetzungen dazu sind:
- Das Unternehmen und seine Möglichkeiten kennen
- Pädagogische und psychologische Ausbildung bzw. Fähigkeiten haben
- Auf Menschen eingehen können
- Bereit sein, Zeit für Gespräche zu investieren
- Starke, anerkannte Führungspersönlichkeit sein
- Öfter auch »Opfer« bringen
- Sich nicht in den Mittelpunkt stellen, sondern andere fördern
- Vorbild in jeder Hinsicht sein
- Türöffner und Meinungsbildner sein
- Sicherheit und Kontinuität geben können

Personalentwicklungsmaßnahmen

Gerade als Manager ist es wichtig, über die wesentlichsten Personalentwicklungsmaßnahmen Bescheid zu wissen. Diese sind:

- ▸ Aufbau eines Trainee-Programms
- ▸ Job rotation
- ▸ Job enlargement
- ▸ Job enrichment

Aufbau eines Trainee-Programms

Speziell bei neuen Mitarbeitern wird im Rahmen der Personalentwicklung in einigen Unternehmen bereits für spezielle Positionen ein Trainee-Programm entwickelt. Im Rahmen des Trainee-Programms wird gewährleistet, dass die Mitarbeiter planmäßig verschiedene Bereiche (Abteilungen) im Unternehmen durchwandern, ein abgestimmtes Aus- und Weiterbildungsprogramm durchlaufen und im Rahmen eines vorgegebenen Zeitrahmens eine umfassende, vernetzte Qualifikation erhalten.

Bei der Entwicklung eines Trainee-Programms sind folgende Fragen zu beachten:

▸ Zielsystem des Unternehmens, d. h. welches Ziel soll mit dem Trainee-Programm erreicht werden?
▸ Sollen Führungskräfte mit hoher Verwendungsbreite geschaffen werden oder sollen Nachwuchskräfte auf bestimmte Positionen gezielt vorbereitet werden?
▸ Welche Lern- und Ausbildungsziele in den einzelnen Ausbildungsschritten soll der Trainee erreichen?
▸ Wie sieht die Personalentwicklungskonzeption dazu aus?
▸ Welcher Ausbildungsverlauf soll gewählt werden?
▸ Welche Aufgaben haben die einzelnen Bereichsleiter und Führungskräfte bei der Ausbildung der Trainees?
▸ Wie lange soll das Trainee-Programm dauern?
▸ An welchen Standorten soll die Trainee-Ausbildung erfolgen (Unternehmensbereiche im In- und Ausland)?
▸ Welche Einzelschritte beinhaltet die Aus- und Weiterbildung der Trainees?
▸ Wie sollte die Aufteilung von »on the job-Training« (Arbeitsplatz) und »off the job-Training« (Seminare) idealerweise aussehen?
▸ Welche begleitenden Weiterbildungsmaßnahmen sind in welcher Phase des Trainee-Planes vorgesehen?
▸ Gibt es spezielle Seminare für Trainees oder erfolgt die Einbindung in das innerbetriebliche Weiterbildungsangebot?
▸ Welche Betreuung erfährt der Trainee während seiner Ausbildung vonseiten der Personalverantwortlichen und welche Ansprechpartner (Trainee-Pate) stehen ihm von den Abteilungen zur Seite?
▸ Wie, wann und von wem sollte der Trainee beurteilt werden und nach welchen Beurteilungskriterien ist vorzugehen?

Job rotation

Job rotation ist der geplante Einsatz eines Lehrlings, Mitarbeiters, einer Führungs- oder Nachwuchskraft an verschiedenen Stellen in verschiedenen Funktionen. Die Job rotation muss geplant werden, da gerade bei kleineren Unternehmen durch die Job rotation meist Arbeitskräfte verloren gehen, die ersetzt werden müssen.

Vorteile der Job rotation:
▸ Kennenlernen verschiedener Unternehmensbereiche und Abteilungen
▸ Forcierung der Lernfähigkeit und -bereitschaft
▸ Vernetztes Denken wird durch das Kennenlernen von betrieblichen Zusammenhängen gefördert
▸ Durch immer neue Abteilungen und Mitarbeiter wird die kommunikative Fähigkeit gefördert
▸ Mehr Verständnis für betriebliche Abläufe und Personen
▸ Lernfähigkeit bleibt ständig erhalten
▸ Learning by doing
▸ Rasche Entwicklungsmöglichkeit, da praxisorientiert gearbeitet wird

> ‣ Schnellerer Wissenstransfer von themenübergreifenden Seminarinhalten
> ‣ Hohe Flexibilität bei der Personaleinsatzplanung

Job enlargement

Job enlargement ist die geplante Vergrößerung des Tätigkeitsfeldes des Mitarbeiters. Es kommen bei der jeweiligen Stelle oder Person – systematisch geplant – neue Tätigkeiten ohne zusätzliche Verantwortung dazu.

Vorteile von Job enlargement:
> ‣ Fähigkeiten werden durch Vergrößerung des Tätigkeitsfeldes forciert und genützt
> ‣ Bei positiver Erledigung kann auch schrittweise mehr Verantwortung übertragen werden (Job enrichment)
> ‣ Aufwertung und Wertschätzung
> ‣ Qualifikationssteigerung »on the job«
> ‣ Lernbereitschaft wird durch die neuen Aufgaben gefördert

Job enrichment

Beim Job enrichment wird das Tätigkeitsfeld des Mitarbeiters geplant vergrößert: Z. B. erhält ein Abteilungsleiter für Fliesen im Baustoffhandel auch den Sanitärbereich übertragen. Beim Job enrichment erhöhen sich auch die Anforderungen, Kompetenzen und Verantwortungsbereiche.

Vorteile von Job enrichment:
> ‣ Systematisch geplante Steigerung von Aufgaben und Verantwortung
> ‣ Gutes Nachwuchsförderungsinstrument (z. B. Übertragung von Projekten mit Verantwortung)
> ‣ Geplante Entwicklung »on the job«
> ‣ Freispielen des Vorgesetzten durch Übertragung von Aufgaben und Verantwortung
> ‣ Mehr Verantwortung – mehr Akzeptanz und Motivation des Mitarbeiters
> ‣ Entscheidungsfähigkeit wird gefördert
> ‣ Selbstentwicklung des Mitarbeiters wird durch die Übertragung von Verantwortung gefördert

Diese Personalentwicklungs-Instrumentarien bieten eine rasche und praxisbezogene Qualifikationsmöglichkeit, da das Lernen direkt durch die Aufgabenerfüllung am Arbeitsplatz erfolgt. Sie werden aber in der Praxis zu selten systematisch eingesetzt.

Folgende Gründe hemmen den erfolgreichen Einsatz von »Job rotation«, »Job enrichment« und »Job enlargement«:
> ‣ Mangelndes Wissen über Einsatzmöglichkeiten und Chancen
> ‣ Personalentwicklungskonzeption nicht vorhanden
> ‣ Keine Nachfolgeplanung
> ‣ Angst, Altes und Bekanntes aufzugeben
> ‣ Mangelnde organisatorische Flexibilität des Systems
> ‣ Ausreden von Mitarbeitern und Führungskräften, z. B. »ein Stellenwechsel des Filialleiters ist unseren Kunden nicht zuzumuten«

- Aktives Lernen im Unternehmen ist untersagt (»Zeitverschwendung«)
- Kein strategisch ausgereiftes Denken und Handeln in der Führungsmannschaft vorhanden (kein definiertes Zielsystem vorhanden)
- Zu knappe Personaleinsatzplanung (Freispielen von Mitarbeitern nicht möglich)
- Unternehmen ist mit Minimalqualifikation seiner Mitarbeiter und Führungskräfte zufrieden
- Angst der Vorgesetzten vor zu kompetenten Nachwuchsleuten

8.11 Sich auf Dauer selbst motivieren

8.11.1 Positive Selbstmotivation

Positive Selbstmotivation bedeutet, die eigenen Kräfte/Energien richtig einzusetzen. Dabei kommt es auf die Ausgewogenheit von Erwartungen und Erfüllungsmöglichkeiten an. Ist die Erwartung höher als die Erfüllbarkeit, dann wird es bald zu einer negativen Energieverteilung (Frustration) kommen. Ist die Erwartung den Erfüllungsmöglichkeiten angepasst, dann entwickeln sich positive Kräfte.

Selbstmotivation hängt vom individuellen Können, dem sozialen Dürfen, dem persönlichen Wollen und der situativen Möglichkeit ab. Sie können überprüfen, inwieweit hier bereits ein Mangelzustand vorhanden ist. Schätzen Sie in Form einer Zufriedenheitsskala Ihren Stand der Selbstmotivation ein:

Checkliste Selbstmotivation

Bewertung 1 bis 7 (1 = überhaupt nicht zufrieden, 7 = voll und ganz zufrieden)

Zufriedenheit mit:	1	2	3	4	5	6	7
▸ Tätigkeit							
▸ Bisheriger Entwicklung (Karriere)							
▸ Gehalt							
▸ Unternehmenskultur							
▸ Umsetzung eigener Pläne und Ziele							
▸ Zukünftigen Entwicklungsmöglichkeiten							
▸ Kontakten zum Vorgesetzten							
▸ Betriebsklima							
▸ Teamgeist							
▸ Persönlichen Arbeitsergebnissen							
▸ Vorhandenem Freiraum							
▸ Arbeitsbedingungen							
▸ Gesprächsmöglichkeiten mit Vorgesetztem							
▸ Durchsetzung von Ideen							
▸ Erhaltener Anerkennung							
▸ Führungsverhalten der Vorgesetzten							
▸ Entscheidungs- und Verantwortungsbereich							
▸ Zeiteinteilung und innerer Ruhe							
▸ Flexibilität des Unternehmens							
▸ Leistungsorientierung im Unternehmen							
▸ Kontakten zu Kollegen							
▸ Spaß an der Arbeit							
▸ Innerer Einstellung zum Unternehmen							

Bewerten Sie die einzelnen Kriterien kritisch und unternehmen sie bei denjenigen Punkten etwas, bei denen Ihre Einschätzung unter 4 liegt. Gehen Sie dabei so vor:

Beispiel: Innere Einstellung zum Unternehmen

- ▸ Was läuft gut/weniger gut?
- ▸ Was stört mich?
- ▸ Wodurch ist meine Einstellung verändert worden?
- ▸ Inwieweit bin ich positiv/negativ beeinflussbar?
- ▸ Wer wirkt auf mich ein?
- ▸ Welche Schwierigkeiten gilt es zu meistern?
- ▸ Was trage ich selbst/mein Vorgesetzter/das Team dazu bei?

▸ Welche Veränderungen müssten eingeleitet werden, um meine innere Einstellung positiv zu entwickeln?

Nach der Bearbeitung der entsprechenden Kriterien empfiehlt sich auch ein umfassendes Gespräch mit einer kompetenten, vertrauten Person. Danach sollten Sie einen Aktivitätenplan zur Realisierung von Selbstmotivationsstrategien zusammenfassen.

Meine Aktivitäten zur Verbesserung meiner persönlichen Motivation				
Maßnahme	Inhalt	Wer hilft mir dabei?	Zu überwindende Widerstände	Zeitplan

Stress als Demotivations-Faktor

Der richtige Umgang mit Stress hilft, den »psychologischen Druck«, der in vielen Arbeitssituationen auftreten kann, zu verringern und damit die Selbstmotivation (Eustress) zu fördern. (Eustress = positiver Stress, Distress = negativer Stress)

Folgende häufige Stressoren gilt es zu bekämpfen:

Stressverursacher	Maßnahmen zur Vermeidung
Physische Stressoren ▸ Lange Anfahrt zur Arbeit ▸ Viele Dienstreisen ▸ Tagesrhythmusverschiebung ▸ Raumklima im Büro *Geistige Stressoren* ▸ Ständig Probleme bearbeiten ▸ Andauernder Zeitdruck ▸ Mehrfachbeanspruchung der Aufmerksamkeit *Seelische Stressoren* ▸ Sehr hohe Verantwortung ▸ Isolierung im Unternehmen ▸ Sinnfragen ▸ Existenzsorgen, Zukunftssorgen ▸ Beziehungsprobleme	

Motivieren – so lieber nicht!

8.11.2 Die persönliche Balance durch Bewegung finden

Kennen Sie das? Das Telefon klingelt ohne Unterlass, E-Mail-Alarm, Besprechungen, Entscheidungen treffen, Bildschirmarbeit, Überstunden. Eine Zeitlang kann der Körper das alles mehr oder weniger gut verkraften. Früher oder später wird er aber kapitulieren.

Das Burn-out-Phänomen greift um sich: Immer mehr Menschen sind ausgebrannt im Job, lustlos im Privatleben, ausgepowert in ihren sozialen Beziehungen.

Das Berufsleben von heute stellt uns vor vielfältige Aufgaben: In Zukunft werden wir länger arbeiten müssen. Das bedeutet, die körperliche und geistige Leistungsfähigkeit sind entscheidende Faktoren für die berufliche und private Lebensplanung.

Bewegung ist Lebensenergie

Das Leben ist Bewegung. Bewegen wir uns, nehmen wir mehr Lebensenergie auf und bleiben auch geistig flexibel. Ein gesunder Kreislauf, eine starke Wirbelsäule und flexible Gelenke sind nur durch Bewegung zu erhalten. Regelmäßige körperliche Bewegung führt nachweislich zu einem messbaren gesundheitlichen Nutzen und erhöht die Lebenserwartung im Vergleich zu ganz oder überwiegend inaktiven Personen.

Die körperliche Verfassung entscheidet über die emotionale Verfassung. Wer körperlich nicht ganz auf dem Damm ist, leidet auch emotional unter dieser Situation. Mit Bewegung ist es möglich, emotional und mental ausgeglichen zu sein. Nicht umsonst haben Studien eindeutig die Wirksamkeit eines Bewegungstrainings gegen sogenannte Befindlichkeitsstörungen (Depressionen, Burnout …) bestätigt.

In Europa sind 60 % der Erwachsenen körperlich zu wenig aktiv, und das Aktivitätsniveau fällt insgesamt weiter. Bewegungsarmut ist ein wichtiger Risikofaktor für chronische Krankheiten wie Herz-Kreislauf-Erkrankungen und Typ-2-Diabetes und einer der Gründe für die dramatische Ausbreitung der Adipositas (Fettsucht) in der europäischen Region der WHO.

Charakteristisch für den heutigen Lebensstil ist nachlassende körperliche Aktivität durch vorwiegend sitzende Tätigkeiten in Beruf und Freizeit. Das menschliche Genom ist aber auf Bewegung und Kalorienverbrauch ausgerichtet.

Sehen wir uns einmal den typischen Bewegungszyklus eines durchschnittlichen Arbeitstages an:

- ▸ Aufstehen
- ▸ Frühstück (sitzen)
- ▸ Autofahren (sitzen)
- ▸ Lift fahren (stehen)
- ▸ Arbeiten (sitzen)
- ▸ Mittagessen (sitzen)
- ▸ Arbeiten (sitzen)
- ▸ Autofahren (sitzen)
- ▸ Abendessen (sitzen)
- ▸ Fernsehen (sitzen)

Gerade bei sitzenden Tätigkeiten führt die körperliche Zwangshaltung zu Muskelverspannungen und Durchblutungsstörungen. Die Versorgung mit dem lebensnotwendigen Sauerstoff ist nicht mehr sichergestellt. Die Folge: Ermüdung und Abfall der Leistungsfähigkeit.

Ursachen für Bewegungsmangel

Der Energiesparreflex: Friss, was du kannst, und bewege dich so wenig wie möglich

Für unsere Vorfahren war das eine wichtige Überlebensstrategie, denn keiner wusste, wann die nächste Jagd erfolgreich sein würde. Der Hang zur Bequemlichkeit hat entwicklungsgeschichtliche Ursachen.

Wir haben in Tausenden von Generationen gelernt, uns die Nahrung so kraftsparend wie möglich zu besorgen und so nur wenige der kostbaren Kalorien zu verbrauchen. Das Problem dabei: Wir haben zwar gelernt, mit Mangel auszukommen, mit Überfluss aber nicht.

Unser Jagdrevier heute: Der Supermarkt

Die Beute ist schon fein säuberlich zerlegt. Wir brauchen also nur noch zuzugreifen. Während die Menschen früher gezwungen waren, sich zu bewegen und meist auch sehr einseitigen Belastungen ausgesetzt waren, können wir heute unser Bewegungsverhalten gezielt steuern.

Aus Zeitmangel und Unwissenheit entscheidet sich die Mehrheit der Menschen in den hoch technisierten Ländern für eine passive Lebensweise.

Wir haben Reserven

Durch gesunde Bewegung und eine ausgewogene Ernährung können wir große Ressourcen freisetzen. Gerade hier liegt die größte Herausforderung. Im Gegensatz zu unseren Vorfahren haben wir heute die Wahlmöglichkeit, über unser Bewegungsverhalten frei zu entscheiden.

Zeit für Veränderung

Abnehmen

Dick oder übergewichtig zu sein, ist nicht immer einfach. Es hat viele Nachteile – aber natürlich auch Vorteile. Die Nachteile sind hinlänglich bekannt, die Vorteile nicht immer; da sie aber (vor allem wenn sie unbewusst sind) zu den treibenden Kräften des Übergewichtig-Werdens bzw. -Seins und zu den blockierenden Kräften beim Abnehmen gehören, lohnt sich ein genauerer Blick auf sie. Sie sind es nämlich, die alle guten Vorsätze und Absichten und selbst die ausgeklügeltsten Diätkuren auf subtile, aber sehr effektive Weise unterwandern. Kein Wunder, dass die meisten Diätkuren entweder nicht greifen bzw. die Rückfallquote in alte Gewohnheiten sehr hoch ist. Will Mann/Frau wirklich auf Dauer schlank werden, empfiehlt es sich, in diesen Bereich etwas genauer hineinzuschauen, um die unbewussten Mechanismen und Programme zu verstehen und die treibenden Kräfte und blockierenden Muster aufzulösen:

Mein Ziel: (z. B. Abnehmen)

▸ Bewusst machen, was ich wirklich verändern möchte und was mich davon abhält, das Ziel jetzt zu verwirklichen.
▸ Was hindert mich daran?
▸ Was geschieht, wenn ich nichts ändere? Mit welchen Konsequenzen physischer und psychischer Natur muss ich rechnen?
▸ Was geschieht, wenn ich mein Verhalten ändere? Welche massiven Vorteile kann ich daraus ziehen?

Regelmäßig Bewegung in den Alltag einbauen

Wie alle Gewohnheiten im Leben kann auch Bewegung zur Sucht werden. Mit Maß und Ziel allerdings zu einer positiven. Je mehr Sie sich zur Zeit bemüßigt fühlen, jeder Art von Bewegung aus dem Weg zu gehen, desto stärker werden Sie sich dazu hingezogen fühlen, wenn Sie entdeckt haben, welche angenehmen Vorteile ein richtig dosiertes Training für Sie haben wird. Nach einiger Zeit wird Ihr Körper darauf versessen sein, sich gesund zu fühlen.

Bewegung fördert Ihre Vitalität, stabilisiert Ihre Leistungsreserven, sodass Sie auch noch im fortgeschrittenen Alter aktiv und fit sein können. Bedenken Sie, dass Ihre körperliche Befindlichkeit eng mit der emotionalen und mentalen Entwicklung verknüpft ist und so gesehen ein Grundbaustein für Ihren persönlichen Erfolg ist.

Wenn Sie Gesundheit und Fitness ab jetzt zu einem Ihrer vorrangigen Lebensziele machen, werden Sie enorme Vorteile im Leben haben:

▸ Sie haben mehr Energiereserven.
▸ Ihr Risiko für Herz-Kreislauf-Erkrankungen wird sinken. Aber auch die Anfälligkeit für all unsere sogenannten Zivilisationserkrankungen wie Diabetes, hoher Blutdruck usw. wird abnehmen.
▸ Sie können Ihre Leistungsfähigkeit bis ins hohe Alter erhalten.
▸ Sie können Ihr biologisches Alter um etliche Jahre zurückschrauben.
▸ Sie können sich mehr »Sünden« leisten.

Soweit die Theorie. Papier ist geduldig. Falls Sie jetzt nicken und denken: Das klingt ja alles recht schön und gut, wird sich gar nichts verändern. Veränderungen werden sich erst dann einstellen, wenn Sie tatsächlich trainieren. Übrigens: Der beste Zeitpunkt, mit einem Trainingsprogramm zu beginnen, ist jetzt!

Tipps für Ihr Training

Es hat sich herausgestellt, dass ein Mehrverbrauch von ca. 1000 bis 3000 kcal pro Woche durch Bewegung das optimale Maß darstellt. Das entspricht etwa 1,5 bis 4 Stunden Bewegung pro Woche. Damit ist es möglich, ihr Risiko für sogenannte Zivilisationserkrankungen (Herzinfarkt, Schlaganfall, Diabetes) um 50 % zu senken.

Wer seinen Körper regelmäßig (richtig) bewegt, der tut enorm viel: für Körper und Geist, sein persönliches Wohlbefinden, und er betreibt die günstigste Form von Gesundheitsvorsorge.

Haben Sie einmal die Entscheidung getroffen, mit einem regelmäßigen Training zu beginnen, dann haben Sie den ersten und wichtigsten Schritt bereits vollzogen. Der Anfang ist die Hälfte des Ganzen.

Bevor es allerdings richtig losgeht, sollten Sie sich, vor allem dann, wenn Sie lange keine Bewegung mehr gemacht haben, einer Gesundenuntersuchung unterziehen. Noch besser ist es, ein Belastungs-EKG durchführen zu lassen. Sprechen Sie darüber mit dem Arzt Ihres Vertrauens.

Welche Art von Bewegung ist gesund?

Alle Bewegungsformen, bei denen mindestens ein Sechstel der Gesamtmuskelmasse über einen längeren Zeitraum bewegt wird, wie z. B. Gehen, Nordic Walking, Laufen (Joggen), Wandern, Rad fahren, Schwimmen, Inline skaten, Skilanglaufen, Rudern usw., bringen Ihr Herz in Form. Wählen Sie aus diesen Bewegungsformen zwei bis drei aus.

Wie lange soll ich mich bewegen?

Als Anfänger beginnen Sie mit mindestens zehn Minuten kontinuierlicher Bewegung. Das Minimum für ein trainingswirksames Ausdauertraining liegt bei zehn Minuten. Optimal sind 30 bis 45 Minuten. Steigern Sie allmählich Ihre Trainingszeiten. Während sich das Herz-Kreislauf-System schnell und gut an das Training anpasst, haben Sehnen, Bänder, Knorpel und Knochen eine längere Anpassungszeit. Deshalb sei hier vor falschem Ehrgeiz gewarnt, damit es nicht zu Überlastungsschäden kommt. Steigern Sie deshalb die Dauer der Belastung allmählich. Anfänger beginnen mit zehn bis 20 Minuten. Dann steigern Sie allmählich auf 20 bis 40 Minuten.

Wie oft pro Woche soll ich trainieren?

Ihr Körper wartet nach jedem Training auf neue Bewegungsimpulse. Er bereitet sich auf die nächste Trainingseinheit vor. Bleibt der nächste Impuls allerdings aus, baut der Körper wieder ab. Wenn Sie nur einmal pro Woche trainieren, verlieren Sie bis zu 90 % des Trainingseffektes. Sie treten sozusagen auf der Stelle.

- ▸ Einmal ist keinmal.
- ▸ Das Minimum beträgt zweimal pro Woche.
- ▸ Ideal sind drei bis vier Einheiten pro Woche.

Wie intensiv soll das Training sein?

Trainieren Sie im Sauerstoffüberschuss. Langsam und locker. Das ist besonders für Anfänger und Wiedereinsteiger von Vorteil. Ein gemütliches Tempo, bei dem Sie sich noch mit jemandem unterhalten könnten, ist am Anfang die beste Variante.

Für das Laufen oder Walken können Sie Folgendes ausprobieren: Atmen Sie drei, vier Schritte lang ein – zwei Schritte Atempause – und dann drei, vier Schritte ausatmen usw. Dann sind Sie mit Sicherheit im Sauerstoffüberschuss.

Ihr Trainingsplan

Entscheidend für Ihren Erfolg ist die Regelmäßigkeit des Trainings. Vor Trainingsbeginn tragen Sie Ihren Ruhepuls ein. Nach 12 Wochen wird sich dieser verändert haben. Bei Anfängern kann der Ruhepuls um einen Schlag pro Woche absinken. Daran können Sie Ihren Trainingsfortschritt deutlich erkennen. Die ersten positiven Veränderungen werden Sie spätestens nach sechs bis acht Wochen bemerken. Wenn Sie vorzeitig aufgeben, werden Sie niemals in den Genuss dieser Veränderungen kommen.

Ihre Fitnessgruppe: Wählen Sie aus den Fitnessgruppen A bis G jene aus, die Ihnen am meisten zusagt. Für Anfänger ist die Fitnessgruppe G oder F mit 30 bzw. 40 Minuten Gesamttrainingszeit pro Woche (das sind 2 x 15 Minuten) der ideale Einstieg.

Die Fitnessgruppen D und C sind für mäßig Trainierte der optimale Einstieg. Die anderen Fitnessgruppen B und A sind für bereits Trainierte gedacht. Noch mehr zu trainieren bringt aus gesundheitlicher Sicht keine nennenswerten Vorteile mehr.

Zur Selbstkontrolle tragen Sie Ihre absolvierte Trainingszeit in die vorgesehenen Kästchen ein. Für jeden Tag dieses 12-Wochen-Trainingsplanes ist ein Kästchen vorgesehen. Am Ende der Woche soll die erreichte Gesamttrainingszeit mit der vorgegebenen Trainingszeit (in Minuten) übereinstimmen.

Zunächst werden Sie das Training als Notwendigkeit betrachten. Nach 12 Wochen werden Sie darauf nicht mehr verzichten wollen, und Ihr Fitnesstraining wird so selbstverständlich wie das Zähneputzen sein. Haben Sie keine Angst, sich mit dem Trainingsprogramm eine neue Bürde aufzuhalsen. Bedenken Sie: Die von Ihnen investierte Zeit wird Ihnen um ein Vielfaches an Lebensqualität zurückerstattet werden.

Beispiel: Ausdauer-Trainingsplan für einen 39-jährigen Mann:

Herr Muster hat 12 Wochen lang in Fitnessgruppe D trainiert. Sein Ergebnis: Von 82 kg auf 76 kg. Sein Ruhepuls ist von 67 auf 56 Schläge gesunken. Herr Muster selbst schreibt:

Lieber Herr Mag. Kernmayer,

Mein persönliches Ziel habe ich nun erreicht. Mit meinem Gewicht von 76 kg und meinem Ruhepuls von 56 Schlägen. Mein körperliches und geistiges Wohlbefinden hat sich weiter verbessert und hat nun ein Niveau erreicht, das beinahe als optimal zu bezeichnen ist.

Es gilt nun, dieses Niveau trotz mancher Zeitnot und beruflicher Belastung zu halten. Ihnen möchte ich auf diesem Weg noch einmal für das gelungene Fitness-Seminar danken.

Peter Muster

TRAININGSPLAN

Name: Peter Muster   Datum: 12.10.2006

Wichtige Hinweise
⊙ Nur regelmäßiges Training bringt Erfolg ⊙ Bei Erkrankung (Fieber, Grippe ...) auf das Training verzichten!
⊙ Langsam beginnen ⊙ Aufwärmen! ⊙ Dehnen ⊙ Kein falscher Ehrgeiz (Pulskontrolle) ⊙ Tragen Sie Ihre
Trainingszeiten in die Tabelle ein. ⊙ Verteilen Sie Ihr Training gleichmäßig auf die Woche ⊙ Alle vier Wochen
steigt die wöchentliche Trainingszeit etwas an. Viel Spaß beim Training!

E I N T R A G U N G S T A B E L L E

Woche/ Tag	1	2	3	4	5	6	7	8	9	10	11	12
MO	30		35		40		50		35		30	
DI		40		40		45		30	20	60	40	60
MI	40		35		40						60	
DO		30		30		45	40	30	45			
FR			30							40		70
SA	30	40			40	30	30		20			
SO				30				60		30		
GESAMT-ZEIT	100	100	100	100	120	120	120	120	130	130	130	130
Woche	1	2	3	4	5	6	7	8	9	10	11	12

FITNESS-GRUPPE	1. – 4. WOCHE Minuten pro Woche	5. – 8. WOCHE Minuten pro Woche	9. – 12. WOCHE Minuten pro Woche	SO OFT PRO WOCHE
A	190	200	230	4–5x
B	160	170	190	4x
C	130	150	160	3–4x
D	100	120	130	3x
E	60	80	100	2–3x
F	40	50	60	2–3 x
G	30	35	40	2x

Bewegung	Gehen, Wandern, Laufen	Rad fahren	Schwimmen
Empf. Puls			

Gewicht	82	Gewicht n. 12 Wochen	76	Ruhepuls	67	Ruhepuls n. 12 Wochen		56

(Kap. 8.11.2 mit freundlicher Genehmigung von Mag. Franz Kernmayer, Sportwissenschaftler und Coach)

NEGES' MANAGEMENTTRAINER

9. ABSCHLUSSMOTIVATION

Sie wissen nun genug für eine erfolgreiche Umsetzung:

Sie kommunizieren ziel- und ergebnisorientiert und bringen Informationen auf den Punkt.

Ihre Präsentationen überzeugen durch sicheres und kompetentes Auftreten.

Sie sind aktiv in der kreativen Problemlösung.

Sie nützen die Zeit zur Schaffung von Überblick und Qualität.

10. LITERATURVERZEICHNIS

Hierhold, Emil: Sicher präsentieren, wirksam vortragen, Redline Wirtschaft, 2006

Höglinger, August: Zeit haben heißt Nein sagen, Höglinger, 2003

Nöllke, Matthias: Kreativitätstechniken, Haufe, 2006

Rebel, Günther: Mehr Ausstrahlung durch Körpersprache, Gräfe und Unzer, 2001

Seifert, Josef W.: Visualisieren, Präsentieren, Moderieren, Gabal, 2007

Seiwert, Lothar: Noch mehr Zeit für das Wesentliche, Ariston, 2006

Stroebe, Rainer W.: Führungsstile, Situatives Führen und Management by objectives, Sauer, 2003